U.S. EPA
Guía para el Control de la Humedad en el Diseño, Construcción y Mantenimiento de Edificaciones

Edición impresa publicado por

ASHRAE

Atlanta

ISBN 978-1-939200-43-3
Publicado por ASHRAE
1791 Tullie Circle, NE
Atlanta, GA 30329
www.ashrae.org

Nota del editor

En diciembre de 2013, la Agencia de Protección Ambiental de los Estados (EE.UU. EPA) publicó la edición electrónica original y definitiva de este libro: Pautas de control de humedad para la construcción de diseño, construcción y mantenimiento. La publicación ha sido ampliamente alabado como un hito en el campo de la gestión de la humedad. Sin embargo, hasta ahora, el libro sólo ha estado disponible en forma electrónica, a través de la página web de la EPA.

En 2016, debido a la utilidad de la información que contiene y porque el objetivo de la publicación está tan estrechamente alineado con el alcance y la finalidad del Technical Committee (TC) de ASHRAE 1.12 (Moisture Management in Buildings), los miembros del TC 1.12 pidió que ASHRAE hacer la libro disponible en una edición impresa. ASHRAE y la EPA EE.UU. han cooperado para asegurar que la información técnica que aparece en esta edición de la impresión es idéntico en todos los aspectos a la publicación original de la EPA, con la excepción de este texto explicativo generado por ASHRAE.

La información contenida aquí ha sido pagado por fondos de los contribuyentes de Estados Unidos y puede ser usado o publicar sin necesidad de permiso adicional. Sin embargo, al usar o volver a publicar esta información, la citación debe incluirse señalar publicación original en la EPA de humedad de orientación preparado por la División de ambientes interiores de la Agencia de Protección Ambiental de los Estados Unidos, la organización que recoge y se publicó este libro

Tabla de Contenidos

Prefacio: Cómo Usar esta Guía

Este documento fue desarrollado por la División de Ambientes Interiores del U.S. Environmental Protection Agency [Agencia de Protección Ambiental de Estados Unidos] (EPA). Provee una guía práctica de cómo controlar la humedad en las edificaciones.[1] Este no es un libro de texto, código o estándar.

El Capítulo 1 se enfoca en los principios de control de la humedad: cómo el agua se desplaza hacia adentro y en el interior de una edificación y por qué el desplazamiento de agua debe ser controlado o manejado. Los Capítulos 2, 3 y 4 proveen una guía específica por profesiones para el diseño, construcción y mantenimiento de las fases de la vida de una edificación. Para ilustrar como los conceptos y principios esenciales se relacionan con cada etapa de la vida de una edificación, cada guía de los capítulos contiene ligas electrónicas a principios relevantes descritos en el Capítulo 1 y otros materiales relacionados a través del texto. Cada guía de los capítulos también incluye métodos para verificar la implementación adecuada de las recomendaciones de control de la humedad y una sección de referencias que identifica recursos adicionales relacionados para los lectores interesados en una información más detallada.

Quién Debe Leer esta Guía

Esta guía puede ser usada por cualquier persona que diseñe, construya, opere o mantenga edificaciones y equipos de calefacción, ventilación y aire acondicionado (HVAC). La guía fue desarrollada específicamente para:

- Profesionales quienes diseñan edificaciones y producen planos, especificaciones y contratos para construcción o renovaciones.
- Profesionales quienes erigen edificaciones a partir de documentos de construcción.
- Profesionales quienes operan y dan mantenimiento a edificaciones, llevando a cabo mantenimiento de prevención, inspeccionando las áreas verdes, el interior de las edificaciones y el equipo exterior y los acabados y realizando mantenimiento y reparaciones.

[1] NOTA: Este documento no aborda el control de agua de inundaciones. Para información acerca del manejo de agua de inundaciones, vea la página internet www.epa.gov/natural-disasters/flooding o www.epa.gov/natural-disasters/hurricanes. Consultada el 6 de Noviembre de 2013.

Agradecimientos

La Agencia de Protección al Ambiente de Los Estados Unidos, la Oficina de Radiación y Aire Interior, y su División de Ambientes Interiores agradecen a todos los profesionistas que contribuyeron a este documento, incluyendo a Terry Brennan y Michael Clarkin de Camroden Associates y Lew Harriman de Mason-Grant Consulting.

La Agencia también quiere agradecer a Christopher Patkowski por permitir el uso de la fotografía de gotas de agua en la portada y contraportada de este libro.

Las figuras en este documento provienen de varias fuentes:

- Terry Brennan proveyó las fotografías usadas en las Figuras 1-1 a 1-14.
- Chirstopher Patkowski creó las Figuras 1-15, 1-16 y 2-14 basándose en ilustraciones de la guía *Whole Building Design Guide [Guia de Diseño de la Edificación Completa]* (www.wbdg.org) un programa del National Institute of Building Sciences (Instituto Nacional de Ciencias de la Edificación).
- Terry Brennan dibujó la Figura 1-17 y proveyó las hojas de cálculo usadas para crear las Figuras 1-18 y 1-19. También proveyó la fotografía para la Figura 1-20.
- Chirstopher Patkowski creó la Figura 2-1. También creó las Figuras 2-2 a 2-4, Figuras 2-6 y 2-7, y las Figuras 2-9 a 2-12 basándose en ilustraciones provistas por Joe Lstiburek de la Building Science Corporation [Corporación de Ciencias de la Edificación].
- El U.S. Department of Energy [Departamento de Energía de los Estados Unidos] (DOE) proveyó el mapa en la Figura 2-5.
- Chirstopher Patkowski dibujó la Figura 2-8 basándose en una ilustración de una publicación de la Canadian Mortgage and Housing Corporation [Corporación Canadiense Hipotecaria y de Vivienda]. También dibujó la Figura 2-13.
- Terry Brennan dibujó las Figuras 2-15 y 2-16.
- Lew Harriman proveyó la Figura 2-17.
- Terry Brennan proveyó la Figura 4-1 y dibujó las Figuras A-1 a A-3.
- Chirstopher Patkowski dibujó las Figuras D-1 a D-3 basándose en dibujos de Terry Brennan.
- La Figura G-1 fue provista por el National Institute of Occupational Safety and Health [Instituto Nacional de Salud y Seguridad en Ocupacional en el Trabajo] (NIOSH).

Capítulo 1: Control de la Humedad en Edificaciones

Introducción

El Control de la humedad es fundamental en el funcionamiento apropiado de cualquier edificación. El control de la humedad es importante para proteger a los ocupantes de efectos adversos a la salud y para proteger la edificación, sus sistemas mecánicos y sus contenidos de daños físicos o químicos. Sin embargo, los problemas de humedad son tan comunes en las edificaciones que muchas personas los consideran inevitables.

La acumulación excesiva de la humedad castiga edificaciones por todos los Estados Unidos, desde las regiones tropicales de Hawái hasta las regiones árticas de Alaska y desde la cálida y húmeda Costa del Golfo hasta el ardiente y seco Desierto de Sonora. Entre 1994 y 1998, el estudio de la Encuesta de Evaluación y Valoración de Edificaciones [Building Assessment Survey and Evaluation (BASE)] de la Agencia de Protección Ambiental de Estados Unidos (EPA) colectó información sobre la calidad del aire interior en 100 edificios de oficinas públicas y privadas escogidos al azar en las 10 zonas climáticas de los Estados Unidos. El estudio BASE encontró que el 85 por ciento de los edificios habían sido dañados por agua en algún momento y que el 45 por ciento tenía fugas o goteras en el momento que se recogían los datos.[2]

La humedad causa problemas a los propietarios de las edificaciones, al personal de mantenimiento y a sus ocupantes. Muchos de los problemas comunes de humedad pueden ser rastreados a malas decisiones en el diseño, la construcción o el mantenimiento. La American Society of Heating, Refrigerating and Air Conditioning Engineers (ASHRAE) hace notar que, en muchas ocasiones, los problemas más serios son causados por decisiones hechas por miembros de cualquiera de varias profesiones.[3] Sin embargo, estos problemas pueden ser evitados con técnicas que están basadas en un entendimiento sólido de cómo se comporta el agua en las edificaciones.

El control de la humedad consiste en:

- Prevenir la entrada de agua y la condensación en áreas de la edificación que deben conservarse secas.
- Limitar las áreas de la edificación que rutinariamente están mojadas por su uso (por ejemplo, cuartos de baño, tinas de hidromasaje, cocinas y cuartos de limpieza) y secándolas cuando se mojen.

Para tener éxito, el control de la humedad no requiere que todo deba mantenerse completamente seco. El control de la humedad es el adecuado siempre y cuando los materiales vulnerables sean mantenidos *suficientemente secos* para evitar problemas. Esto significa que la edificación debe estar diseñada, construida y operada de manera que los materiales vulnerables no se mojen. Lo que también significa que cuando los materiales se mojen, la edificación tiene que ser controlada de manera que los materiales ligeramente mojados se sequen rápidamente.

Implicaciones de Salud por Humedad Excesiva en Edificaciones

Por petición del Centro de Control y Prevención de las Enfermedades de los Estados Unidos (CDC), el Instituto de Medicina (IOM) de la Academia Nacional de Ciencias se reunió un comité de expertos para conducir una revisión exhaustiva de la literatura científica concerniente a la relación entre ambientes interiores con exceso de humedad o con moho y la aparición de efectos adversos a la salud en poblaciones expuestas a ellos. Basándose en su revisión, los miembros del Comité en Espacios Interiores con Exceso de Humedad y la Salud concluyeron que las pruebas epidemiológicas demuestran una asociación entre la exposición a interiores con exceso de humedad y efectos adversos a la salud, incluyendo:

---

[2] USEPA (United States Environmental Protection Agency). 2013. Building Assessment Survey and Evaluation Study. Washington, D.C.: USEPA. Consultado el 6 de Noviembre de 2013. www.epa.gov/indoor-air-quality-iaq/building-assessment-survey-and-evaluation-study.

[3] ASHRAE (American Society of Heating, Refrigerating and Air-Conditioning Engineers). 2016. *Position Document on Limiting Indoor Mold and Dampness in Buildings.* Consultado el 6 de Noviembre de 2013. www.ashrae.org/File%20Library/docLib/About%20Us/PositionDocuments/ASHRAE---Limiting-Indoor-Mold-and-Dampness-in-Buildings.pdf.

- Síntomas adversos de la parte alta del sistema respiratorio (nariz y garganta).
- Tos.
- Respirar con dificultad.
- Síntomas asmáticos en personas afectadas por el asma.

El comité también determinó que hay pruebas limitadas o que sugieren de una asociación entre la exposición a ambientes interiores con exceso de humedad y:

- Disnea (falta de aire al respirar).
- Enfermedades en la parte baja del sistema respiratorio en niños sanos fuera de esas condiciones.
- Desarrollo de asma.

Detalles del resultado de esta revisión fueron publicados en el reporte *Damp Indoor Spaces and Health* [*Espacios Interiores con Humedad Excesiva y la Salud*][4] en 2004. Es también importante notar que personas con problemas inmunológicos, como algunas categorías de pacientes de hospitales, están en un riesgo mayor de crecimiento de hongos y enfermedades infecciosas oportunistas.[5]

Después de publicado el reporte de la IOM, un estudio realizado por el Lawrence Berkeley National Laboratory se concluyó que la humedad excesiva y el moho aumenta el riesgo de una variedad de efectos en la salud relacionados con el asma y las vías respiratorias en 30 a 50 por ciento.[6] Un estudio coordinado entre la EPA y el Laboratorio Berkeley estimó que 4.6 millones de casos de asma, 21 por ciento de los 21.8 millones de casos de asma en los Estados Unidos en ese momento, podían ser atribuidos a la exposición de humedad excesiva y moho en los hogares.[7]

Daños por Humedad en Edificaciones

Además de causar problemas de salud, la humedad puede dañar los materiales de construcción y sus componentes. Por ejemplo:

- Condiciones prolongadas de humedad excesiva pueden llevar a la propagación de mohos, bacteria, mohos que pudren la madera, y pestes de insectos (v.g., termitas y hormigas carpinteras) en materiales de construcción y sistemas de HVAC.
- Reacciones químicas en materiales de construcción y sus componentes, puede ser causa de, por ejemplo, corrosión en sujetadores estructurales, cables, techos de metal y serpentinas de aire acondicionado y fallas en adhesivos de pisos y techos.
- Materiales de construcción solubles en agua (v.g., paneles de yeso) pueden disolverse de nuevo.
- Materiales de madera se pueden pandear, hinchar o pudrir.
- El ladrillo o concreto puede dañarse durante los ciclos de congelamiento-descongelamiento y por deposición de sal debajo de la superficie.
- Pinturas y barnices pueden dañarse.
- El valor aislante (Valor de R) del aislante térmico puede ser reducido.

Las siguientes fotografías muestran algunos de los daños que pueden ser resultado de problemas de humedad en edificaciones.

---

[4] Institute of Medicine. 2004. *Damp Indoor Spaces and Health.* Consultado el 6 de Noviembre de 2013. www.iom.edu/Reports/2004/Damp-Indoor-Spaces-and-Health.aspx.

[5] Institute of Medicine. 2004. *Damp Indoor Spaces and Health*. Consultado el 6 de Noviembre de 2013. www.iom.edu/Reports/2004/Damp-Indoor-Spaces-and-Health.aspx.

[6] Fisk, W. J., Q. Lei-Gomez, and M. J. Mendell. 2007. "Meta-Analyses of the Associations of Respiratory Health Effects With Dampness and Mold in Homes." *Indoor Air* 17(4), 284–295.

[7] Mudarri, D., and W. J. Fisk. 2007. "Public Health and Economic Impact of Dampness and Mold." *Indoor Air* 17 (3), 226–235.

Figura 1-1 Moho creciendo en la superficie de paneles de yeso y remates pintados. La alta humedad por largo tiempo es la fuente de humedad que permite el enmohecimiento. Todos los muros tuvieron condiciones similares cercanas a la condensación. Consecuentemente, el enmohecimiento es más bien generalizado que concentrado en una sola área de humedad excesiva.

Figura 1-2 Crecimiento de moho en mampostería de concreto pintado. El muro de concreto frio separa un salón de clases de una pista de hielo. El aire húmedo en el salón de clases provee la humedad que se condensa en la superficie pintada de la mampostería. Esa humedad permite que el moho crezca en la capa de pintura.

Figura 1-3 Crecimiento de moho en baldosas de piso de vinilo. La alta humedad por largo tiempo proveyó la humedad que fue absorbida en la baldosa de vinilo fría y permitió el enmohecimiento. También nótese que la alta humedad causó la falla del adhesivo que fija la baldosa al piso, permitiendo que la baldosa quedara suelta.

Figura 1-4 Corrosión de la plataforma de piso de acero galvanizada acanalada. El piso está a nivel del suelo. El agua proviene de la filtración de agua de lluvia.

Figura 1-5 Corrosión del acero estructural en una cavidad de cielorraso en un clima frío. El acero se extiende hacia el ensamblaje del muro exterior. Durante el clima frio, el acero cerca del muro se enfría por efecto del aire exterior. La edificación se humedece y condensación de la elevada humedad interior provee la humedad que corroe el acero frio.

Figura 1-6 Pintura ampollada en bloques de concreto caravista. La lluvia arrastrada por el viento es la causa de la humedad que contribuye al daño. El agua se absorbe en el bloque de cemento (CMU) a través de agujeros muy pequeños en la pintura. El sol provoca que vapor de agua pase a través del CMU. El ensamblado no puede secarse al interior por la baja permeabilidad de vapor del tablero de espuma de plástico que, encintado en las uniones, aísla la superficie interior del muro. El muro se mantiene saturado durante la primavera, el verano y el otoño. La misma pintura en áreas del muro en donde no le pega el sol ni la lluvia no muestra daños.

Figura 1-7 Condensación detrás del papel tapiz de vinilo en un clima caliente y húmedo. La condensación y el enmohecimiento ocurren detrás del papel tapiz de vinilo en ambos muros interiores y exteriores. Las fugas de aire en el pleno de retorno de la manejadora de aire despresurizan las cavidades interiores y exteriores del muro. El aire exterior cálido y húmedo del exterior se tira a través de fugas de aire en un muro pesado de mampostería.

Figura 1-8 Fugas de agua en un muro de parapeto de techo resultan en daños en el revoque y en pintura despegada. El agua de lluvia es introducida de este ensamblaje de ladrillos por acción capilar, y la humedad camina hacia abajo por la fuerza de gravedad. La pintura despegada contiene plomo y provoca un medio ambiente peligroso así como daños físicos al revoque.

Figura 1-9 Revoque dañado por la lluvia filtrada a través de una ventana en una edificación de ladrillo. La parte interior de un muro exterior está aislado con espuma de celda cerrada atomizado. Consecuentemente, el muro no se puede secar al interior, y así retiene cantidades excesivas de humedad. En el punto donde el revoque en el borde de la ventana se une al muro de ladrillo, el agua de lluvia se absorbe en el revoque causando el daño que se muestra en la foto.

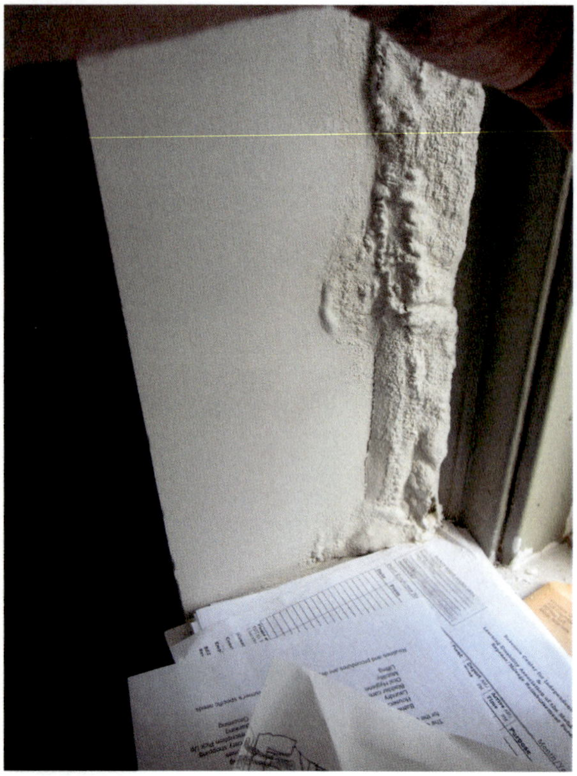

Figura 1-10 Otros daños por lluvia en el revoque interior. En otra ubicación en una ventana de oficina en la edificación que se muestra en la Figura 1-8, la filtración de la lluvia convierte el compuesto de la junta del panel de yeso en un fluido, causando que se formen burbujas en el yeso y que se levante.

Figura 1-11 El panel de yeso en el borde inferior de un muro de sótano se disolvió a causa de aguas de inundación de temporal. La cama de agua está justo abajo del piso del sótano durante el cima seco y sube varias pulgadas por encima del piso durante las lluvias intensas de la primavera.

Figura 1-12 El piso de madera de un gimnasio se pandeó a causa de la humedad en la cavidad debajo de éste. El agua sube a través del bajo piso de concreto. El origen de la humedad es el agua de lluvia que no ha sido drenada de la fundación de la edificación.

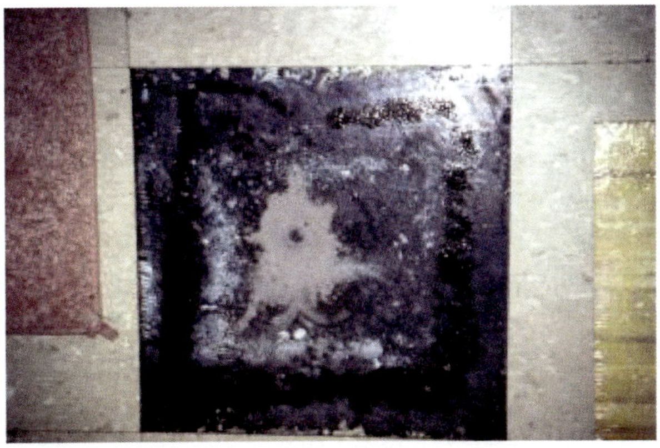

Figura 1-13 Adhesivo de baldosas que no secó a causa de agua en el concreto y los niveles altos de pH. Las baldosas pueden quitarse con la mano. El piso es una losa de concreto a nivel del suelo. El agua visible en la foto se evapora en el cuarto después de algunos minutos. Su origen puede ser agua en estado líquido absorbiéndose desde debajo del relleno de la sub-losa o vapor de agua desplazándose a través de la losa.

Figura 1-14 Daño en los ladrillos causado por el paso de sal soluble a través de ellos. Las sales en los ladrillos o lechada se disuelven en agua de lluvia que se absorbe a través de los ladrillos. El agua se evapora en el interior de la edificación y la sal que se queda se cristaliza y separa la capa de la superficie del ladrillo, exponiendo su interior. Este proceso se llama sub-fluorescencia.

Los Problemas de Humedad son Caros

Los problemas de salud y de daños en la edificación causados por la humedad pueden ser extremadamente caros. El Laboratorio Berkeley estima que los costos médicos relacionados con el asma, atribuibles a la exposición de humedad excesiva y moho, llegan a costar aproximadamente $3.5 billones de dólares en los Estados Unidos.[8] Pero mucho más resultados adversos a la salud causados por humedad excesiva en edificaciones han sido reportados, cada uno con sus propios costos relacionados. Además de los daños causados a la misma edificación que son también costosos. Los propietarios e inquilinos de edificaciones cargan con una gran parte de estos costos que incluyen:

- Ausentismo debido a enfermedades como el asma.
- Reducción en la productividad debido a problemas de salud y confort relacionados con la humedad.
- Incrementos de riesgo en seguros, y en costos de reparación y remplazo relacionados con la corrosión de anclajes estructurales, cableado y daños a materiales sensibles a la humedad.
- Costos de reparación y remplazo relacionados con daños en muebles, productos y provisiones.
- Pérdida de uso de espacios después de dañados y durante reparaciones.
- Incremento en costos de seguros y litigaciones relacionados con reclamos por daños por humedad.

Cómo el Agua Causa Problemas en Edificaciones

Al mencionar daños por agua la primera imagen que le viene a la mente a la mayoría de personas es el agua en estado líquido en forma de lluvia, fugas en tuberías o inundaciones. Cuando llueve, el agua puede rezumarse por alrededor de los tragaluces, o un espacio angosto puede llenarse de agua. Si una línea de suministro del inodoro se rompe, muy posiblemente el piso estará inundado.

Por otra parte, muchos problemas relacionados con el agua son menos obvios, y pueden ser difíciles de detectar o diagnosticar. Por ejemplo, el adhesivo que

[8] Mudarri, D., and W. J. Fisk. 2007. "Public Health and Economic Impact of Dampness and Mold." *Indoor Air* 17 (3), 226–235.

fija la cubierta de piso a una losa de concreto puede no secar correctamente si la losa está ligeramente mojada, lo que resulta en una cubierta de piso suelta y crecimiento de microbios en el adhesivo. O el aire interior puede condensarse en la parte fría de atrás del tapiz de muro de vinilo que cubre un muro exterior, proveyendo las condiciones ideales para el enmohecimiento. Estos problemas son menos obvios que una fuga, porque el agua no está corriendo por el piso, y el daño real está siendo causado ocultamente debajo de la cubierta de piso o detrás del tapiz de muro.

Los problemas de humedad son prevenibles. No suceden hasta que el agua se mueve de un origen hacia alguna parte de la edificación que debería estar seca. El daño real comienza después de que suficiente humedad se acumula para exceder los niveles límite de contenido de humedad de materiales sensibles a la humedad.

Para diagnosticar o prevenir un problema de humedad, considere estos **cuatro elementos clave** de comportamiento de la humedad en edificaciones:

1. **Síntomas típicos de problemas de humedad.** Estos incluyen la corrosión de metales, crecimiento de moho en la superficie o mohos que pudren la madera, infestación de insectos, fragmentación de ladrillos exteriores o del concreto, despegamiento de la pintura, fallas en los adhesivos de pisos, manchas en los recubrimientos y síntomas de problemas de salud.
2. **Fuentes de la humedad.** Entre ellas se encuentran el agua de lluvia, aguas superficiales, aguas subterráneas, agua de tuberías, fuentes interiores y exteriores de humedad y agua de cloacas.
3. **Mecanismos de transporte.** Estos incluyen agua en estado líquido fugándose por medio de orificios y absorbiéndose a través de materiales porosos, o corriendo a lo largo de la parte superior o inferior de ensamblajes de la edificación y vapor de agua acarreado por aire caliente y húmedo colándose a través de ensamblajes y por difusión a través de materiales permeables al vapor.
4. **Fallas comunes en el control de la humedad en elementos y sistemas.** Los controles de humedad incluyen drenaje del sitio, sistemas de canalones, superficies de drenaje por debajo y por encima del nivel del suelo, tapajuntas efectivos, drenaje de condensados y controladores de humedad. Las fallas pueden ocurrir durante cualquier fase de la vida de una edificación y pueden incluir la selección del sitio o diseño inadecuados, selección inadecuada de materiales o equipos, instalación o secuencia inapropiada de materiales de construcción y equipos, coordinación insuficiente entre los instaladores especializados durante la construcción y mantenimiento insuficiente o inadecuado de materiales o equipo.

Principios de Control de Humedad para el Diseño

Para controlar la humedad para una larga vida de la edificación y una buena calidad del aire interior, siga estos tres principios:

1. Controle el agua en estado líquido.
2. Prevenga la humedad en exceso en interiores y la conducción de vapor de agua en el flujo y difusión del aire para limitar la condensación y absorción de la humedad en materiales y superficies frías.
3. Seleccione materiales resistentes a la humedad para lugares inevitablemente mojados.

Preparados mediante una comprensión básica de estos principios, los lectores estarán listos para controlar la humedad y prevenir una gran mayoría de problemas comunes en las edificaciones.

Principio #1 para el Control de la Humedad: Control del Agua en Estado Líquido

El primer principio de control de la humedad es conservar el agua en estado líquido fuera de la edificación. Proteger los ocupantes del agua es el propósito primario de los ensamblajes incluyendo techos, muros y fundaciones. Entre las fuentes de agua del exterior del edificio se encuentran:

- Lluvia y deshielos de nieve o heladas.
- Agua subterránea y agua corriente superficial.
- Agua que se trae a la edificación en tuberías.
- Materiales mojados que se encerraron en ensamblajes durante la construcción.

Problema: Los Ensamblajes y Materiales de Construcción Se Mojan

Los problemas de humedad son comunes. Por su propia naturaleza, las edificaciones y el proceso de construcción, es casi seguro que tengan problemas de humedad que pueden traer como consecuencia baja calidad en el aire interior y otros impactos negativos. El problema más común de agua en estado líquido incluyen:

- **Lluvia y nieve se cuelan al interior.** El agua de lluvia, aguas superficiales, y aguas subterráneas, incluyendo deshielos, pueden entrar en la edificación por medio de goteras en el techo o colándose por los muros, ventanas, puertas o fundaciones. En la mayoría de climas, la lluvia es la fuente más grande de agua en edificaciones. La intrusión de agua de lluvia puede causar daños enormes a la misma edificación y a sus componentes.
- **Fugas en tuberías.** Intencionalmente traemos agua a las edificaciones para limpieza, aseo personal y para cocinar, e intencionalmente sacamos las aguas residuales fuera de las edificaciones. Cualquier agua traída o sacada está contenida en tuberías, vasijas y artefactos que pueden tolerar estar mojados siempre o la mayor parte del tiempo. Sin embargo, las fugas en las líneas de suministro hidráulico, líneas de drenaje, lavabos, regaderas de baño y tinas pueden causar problemas. Sin embargo los códigos modelo de instalaciones hidrosanitarias requieren que ambas líneas, las del lado del suministro y las del lado de drenaje y respiraderos del sistema hidrosanitario pasen por pruebas de fugas, estas pruebas son algunas veces hechas inadecuadamente o no se realizan. Las fugas grandes en las tuberías son inmediatamente obvias, pero las fugas pequeñas dentro de los muros o cavidades de cielorrasos pueden continuar sin ser notadas por algún tiempo.
- **El agua durante la construcción causa problemas.** Algunos materiales son instalados mojados porque fueron expuestos a la lluvia o a fugas en tuberías durante la construcción. Los bloques de concreto mojados (CMUs), concreto vaciado o prefabricado, madera de construcción y la tierra expuesta de un espacio angosto del piso han sido todos fuentes de problemas en edificaciones nuevas.
- **Algunos materiales se instalan mojados porque el agua es parte del proceso.** Concreto vaciado, niveladores de piso de concreto, aislamiento atomizado y recubrimientos de base de agua todos contienen agua. Materiales porosos con apariencia seca pueden contener suficiente agua para causar problemas si entran en contacto con materiales sensibles a la humedad o si humidifican una cavidad después que quedan encerrados. Cubiertas de pisos, de muros y recubrimientos tendrán fallas si son aplicados antes que las superficies estén suficientemente secas. El agua de estos materiales puede causar problemas indirectamente subiendo la humedad en interiores durante el primer año de uso de la edificación, conduciendo a problemas de condensación.

Solución: Controlar el Movimiento de Agua en Estado Líquido

Controlar efectivamente la intrusión de agua líquida requiere de todas las siguientes condiciones:

- **Drenar las aguas de lluvia, de irrigación y deshielo hacia afuera de la edificación.** El primer paso en el control del agua es ubicar la edificación en suelo seco o bien drenado y usar o cambiar las áreas verdes para desviar el agua de la estructura. En otras palabras, drenar el sitio. Esto incluye inclinar el nivel del suelo hacia afuera de la edificación para desviar el agua superficial y mantener el agua subterránea lejos de la fundación por debajo del nivel del suelo. Después que el sitio es preparado para drenar efectivamente el agua hacia afuera de la edificación, la edificación necesita un sistema de escorrentía de agua de tormentas para desviar la lluvia del techo hacia el sistema de drenaje del sitio.
- **Evitar la filtración de aguas de lluvia y de irrigación en los muros y el techo.** La filtración del agua de lluvia puede causar grandes daños a una edificación y los materiales de adentro. En sistemas exitosos, el agua de lluvia que cae en la edificación está controlada por:
  - Revestimiento exterior, techos y sistemas de manejo de agua de tormentas para interceptar la mayor parte de la lluvia y drenarla hacia afuera de la edificación.
  - Barreras capilares, que evitan que el agua de lluvia se absorba a través de materiales de construcción porosos o a través de grietas entre los materiales. Una barrera capilar es o un espacio de aire entre capas adyacentes o un material como láminas de hule o plástico que no absorben o dejan pasar el agua en estado líquido. Algunos sistemas de control de lluvia consisten en un solo material impermeable a la humedad sellado en las uniones que intercepta el agua de lluvia y además provee una barrera capilar. Las membranas de techo y algunos revestimientos de paneles vidriados para muros funcionan de esta manera.
- **Evitar que el agua se absorba hacia adentro de la edificación** usando barreras capilares en el cerramiento de la edificación. El paso de la humedad por acción capilar puede ser interrumpido usando un espacio de aire o con un material impermeable al agua.

- **Prevenir las fugas** en las tuberías colocando líneas de tuberías y componentes donde sean fáciles de inspeccionar y reparar, que no sea posible que se congelen, y que no estén en contacto con aislamientos porosos para cavidades.
- **Evitar que los materiales mojados queden encerrados en construcciones nuevas** protegiendo los materiales porosos y sensibles a la humedad durante su transporte y almacenamiento en el sitio y secando los materiales mojados antes de encerrarlos en los ensamblajes de la edificación o antes de cubrirlos con materiales de acabados.

Techos Drenados y Muros Revestidos

Los sistemas de techos y revestimiento están frecuentemente con respaldo de un espacio de aire y un material resistente a la humedad que forma la superficie de drenaje. La mayoría del agua que se filtra, se absorbe o pasa en el aire a través del revestimiento será drenada hacia afuera del ensamblaje. La superficie de drenaje previene cualquier cantidad de agua que pudiera puentear saltarse el espacio de aire mojando las partes internas del ensamblaje. Algunos ejemplos son:

- **Techos.** Tejas de asfalto o de madera, paneles de metal y membranas elastoméricas son capas externas comunes para techos.
- **Muros.** Cubiertas de madera y vinilo, estuco, paneles de concreto, ladrillos, bloques de concreto y recubrimiento de piedra, son capas externas comunes para muros.
- **Superficies de drenaje.** Fieltro de construcción, papel de alquitrán y barreras resistentes al agua son usadas comúnmente como superficies de drenaje por debajo de sistemas de techos y de revestimiento de muros, Techos de una y de varias capas combinan la superficie de drenaje con las capas exteriores del techo—no hay materiales de superficies de drenaje para interiores.

La Figura 1-15 ilustra el concepto de un ensamblaje de muro drenado. Aunque el revestimiento intercepta la mayor parte del agua de lluvia, algo de líquido pasará hacia adentro. El espacio de aire actúa como barrera capilar y la filtración no puede brincar ese espacio. En vez de eso, la filtración corre hacia abajo por atrás del revestimiento hasta que es drenado hacia afuera por el tapajuntas. Algunas de las gotas

Figura 1-15 Ensamblaje de Muro Drenado

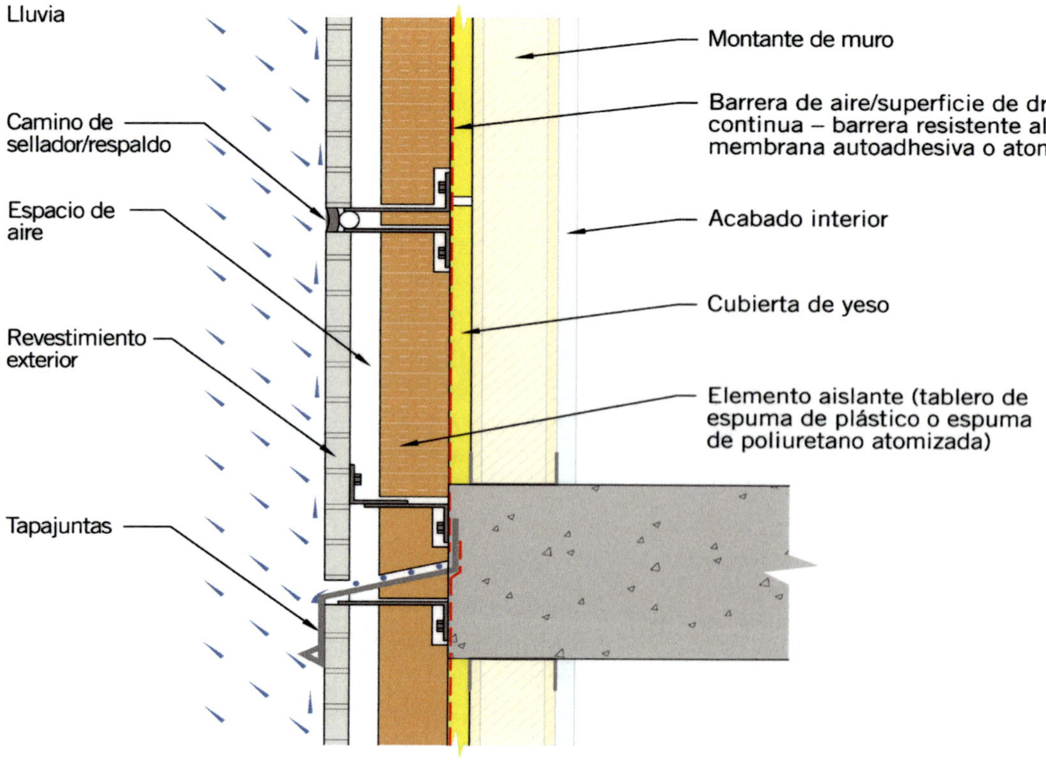

pueden correr hacia la superficie de drenaje en dirección de los materiales que están separados por el espacio, por ejemplo, por medio de pedazos de mortero o amarres del revestimiento. La capa impermeable de la superficie de drenaje mantiene el agua evita que el agua llegue a la cubierta de respaldo, bloques de concreto, o el concreto mismo protegiendo el muro interior. El agua fluye hacia abajo de la superficie de drenaje y sobre el tapajuntas, el cual la desvía de nuevo hacia afuera.

Algunos materiales para techos o materiales de revestimiento absorben agua (p. ej., enlucidos o tejas de madera, revestimientos de fibra de cemento, estuco tradicional y revestimientos de mampostería), mientras que otros no (p. ej., membranas para techos, revestimientos de vinilo y panales de metal o vidriados). Históricamente, los materiales porosos eran instalados con respaldo de un espacio de aire. Ejemplos incluyen tejas de madera en cubiertas espaciadas, revestimientos de mampostería y muros compactos de mampostería con cavidades de 1 a 2 pulgadas separando los muros de ladrillo y revestimientos biselados instalados como tejas traslapadas. El espacio de aire entre el revestimiento y el interior del muro permite a los materiales porosos que se sequen hacia el aire exterior o hacia el espacio de aire.

En cualquier caso, la superficie de drenaje debe estar sellada en todas las juntas y penetraciones. La Tabla 1-1 lista las penetraciones comúnmente encontradas en techos y muros y presenta las formas de mantener la integridad del sellado de la superficie de drenaje. Esta lista no es exhaustiva. Todas y cada una de las penetraciones que pasan a través del techo y del revestimiento exterior deben estar detalladas para prevenir la intrusión del agua de lluvia.

Las ventanas, muros de cortina y fachadas se usan en ensamblajes de muros y están entre las penetraciones más complejas de detallar. Típicamente, los detalles normales de tapajuntas para dinteles, jambas y alféizares están provistos por los fabricantes de estos componentes. La Figura 1-16 ilustra un método para proveer tapajuntas de alfeizar de bandeja y de jamba

Figura 1-16 Tapajuntas de Bandeja de Alféizar y de Jamba para Muros EIFS

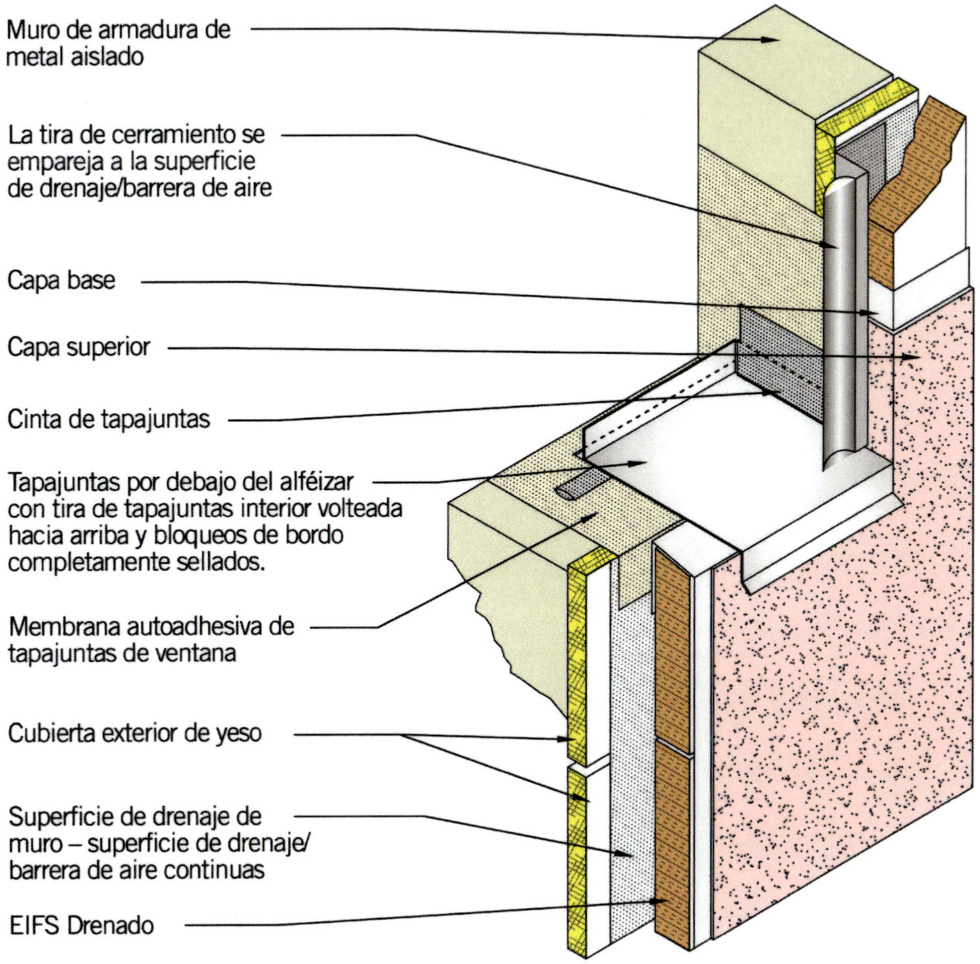

Tabla 1-1 Mantener la Impermeabilidad de la Superficie de Drenaje en Techos y Muros

Penetraciones Comúnmente Encontradas en Techos	Cómo Mantener la Impermeabilidad de la Superficie de Drenaje
Juntas entre piezas de techado	El traslapados o el sellado provee continuidad
Bordos del techo	Salientes, remates de muro y bordos de goteo proveen barreras capilares
Intersecciones del techo con muros adyacentes más altos	Tapajuntas pasantes para muros proveen continuidad donde el techo de un piso inferior intersecta el muro del nivel superior, y en donde cualquier parte del techo se une al muro de la buhardilla. Tapajuntas y contrachapa de escurrimiento de revestimientos y membranas de baja inclinación mantienen el agua lejos de las juntas entre materiales
Tragaluces y escotillas de techo	Tapajuntas del techo, bordillos y contrachapas de escurrimiento proveen continuidad
Chimeneas	Tapajuntas, tapajuntas a dos aguas y contrachapa de escurrimiento proveen continuidad
Manejadoras de aire y ventiladores de extracción	Tapajuntas, bordillos, y contrachapa de escurrimiento proveen continuidad
Respiraderos de tuberías	Tapajuntas, y contrachapa de escurrimiento proveen continuidad
Penetraciones Comúnmente Usadas en Muros	**Tapajuntas de Dinteles, Tapajuntas de Jambas y Tapajuntas de Bandeja de Alféizar Proveen Continuidad**
Ventanas	Tapajuntas de dinteles, tapajuntas de jambas y tapajuntas de bandeja de alféizar proveen continuidad
Puertas	Tapajuntas de dinteles, tapajuntas de jambas y tapajuntas de bandeja de alféizar proveen continuidad
Entradas de aire exterior	Tapajuntas de dinteles, tapajuntas de jambas y tapajuntas de bandeja de alféizar proveen continuidad
Ventiladores de extracción y salidas	Selladores proveen continuidad
Sujetadores	Selladores proveen continuidad
Entradas de servicio	Selladores proveen continuidad

para muros construidos con un aislamiento exterior y sistema de acabado (EIFS). Nótese que el tapajuntas del alféizar protege el ensamblaje del muro de la filtración en las esquinas de la ventana y en las juntas entre las ventanas. Bloqueos en los lados y atrás del tapajuntas del alféizar de bandeja detienen el paso de cualquier filtración hacia adentro de la edificación o del muro debajo de la ventana.

Fundaciones

La fundación de la edificación debe estar detallada para proteger la edificación del agua de lluvia. Las porciones de la fundación por encima del nivel del suelo son a menudo de mampostería o de concreto. Gran parte del agua de lluvia que moja el muro por encima del nivel del suelo simplemente drena desde la superficie hacia el suelo abajo. Los muros de mampostería están frecuentemente protegidos por debajo del nivel del suelo usando barreras capilares con base de cemento Portland (p. ej., repello tradicional o revestimientos de marca). Muros de concreto pueden ser tratados con aditivos que proveen una barrera capilar integral o que pueden ser tan masivos que el agua absorbida es más posible que se quede seguramente almacenada en el muro—secándose entre tormentas—a que se absorba hacia el interior.

Las superficies de áreas verdes inmediatamente alrededor de la fundación hacen la misma función a los muros por debajo del nivel del suelo, que el techo y el revestimiento en los muros por encima del nivel del suelo: interceptan la lluvia y la drenan hacia afuera de la edificación.

Los recubrimientos a prueba de humedad o impermeables en muros por debajo del nivel del suelo sirven el mismo propósito de la superficie de drenaje en los muros por encima del nivel del suelo. Estos recubrimientos proveen una barrera capilar que excluye el agua de lluvia que satura el relleno del rededor. Una barrera capilar adicional se forma con grava que se drena libremente o con capas geotécnicas de drenaje colocadas contra los muros por debajo del nivel del suelo. Estos materiales proveen un espacio de aire que permite al agua drenar libremente hacia debajo del muro de fundación.

En la parte inferior del muro por debajo del nivel del suelo un sistema de drenaje de la base de la cimentación acarrea el agua de lluvia y el agua subterránea hacia afuera de la cimentación y de la losa del piso. Pintura especial para uso en concreto puede ser aplicada al lado de arriba de la base para proveer una barrera capilar entre la zapata excesivamente húmeda y el muro de fundación. Una capa de grava gruesa y limpia, sin finuras, puede proveer una barrera capilar tipo espacio de aire entre la tierra y la losa de concreto del piso. Una capa de plástico por debajo de la losa del piso provee una barrera de valor así como una barrera capilar por debajo de la losa. Estas capas de drenaje y las barreras de vapor debajo de las losas de fundación son a menudo requeridas por los códigos de edificación.

La "Prueba del Bolígrafo"

Las capas de los muros, techos y fundación resistentes al agua, deben formar un cajón continuo de seis lados sin espacios, ni fisuras y sin hoyos. Es difícil de lograr este nivel de integridad, especialmente en los lados largos donde los muros se juntan con el techo y la fundación. La prueba del bolígrafo es usada antes que se termine el diseño arquitectónico para asegurarse que estas barreras continuas contra el agua, cuando se instalan de acuerdo al diseño, no se filtrarán.

Cuando el control del agua de lluvia ha sido bien diseñado, debería ser posible trazar las capas impermeables que forman una barrera capilar alrededor de una vista seccional de la edificación sin levantar el bolígrafo del papel. Ésta prueba simple puede hacerse no solo para el control del agua de lluvia, pero también para la capa de aislamiento térmico y la barrera de aire.

Los métodos para estos tres sistemas están descritos en el Apéndice A y son parte de los requerimientos para el cumplimiento documental con las direcciones en los Capítulos 2, 3, y 4.

La Figura 1-17 ilustra el trazado de la barrera capilar en una sección de ejemplo. Comenzando en el centro del techo:

- La membrana de techo es la primera línea de defensa, protegiendo de la lluvia y el deshielo los materiales interiores sensibles al agua
- Trazar la membrana de techo desde el centro del techo al bordo del techo, la membrana de techo sube por sobre el muro de parapeto donde se empareja por debajo de una albardilla de metal, que también forma una fascia de metal.
- La fascia forma un borde de goteo, canalizando el agua alejándola del revestimiento.
- Un espacio de aire entre el borde de goteo y el enlucido de ladrillo forma una barrera capilar, protegiendo los materiales por debajo de la albardilla del agua de lluvia.
- Detrás del enlucido de ladrillo, el espacio de aire y el tablero de espuma de plástico, una barrera resistente al agua (WRB) autoadhesiva, aplicada a la cubierta de yeso, forma una barrera capilar entre el ladrillo excesivamente húmedo y el ensamblaje del muro interior.
- La barrera WRB se traslapa sobre la tira vertical de un tapajuntas de dintel protegiendo la ventana del agua de lluvia con un bordo de goteo y un espacio de aire. Hoyos de goteo permiten que el agua drene desde atrás del revestimiento de ladrillo.
- El marco de la ventana, las hojas y vidriado forman un sistema de barrera capilar que se apoya en un tapajuntas de bandeja de alféizar en la parte inferior de la ventana.
- El tapajuntas de bandeja de alféizar forma una barrera capilar que protege el muro inferior de filtraciones a través del sistema de ventana.

Figura 1-17 Trazado de la Barrera Capilar en una Sección de Ejemplo[9]

La línea azul traza los elementos de la barrera capilar en el sistema de control de agua de lluvia para una sección a través de la edificación.

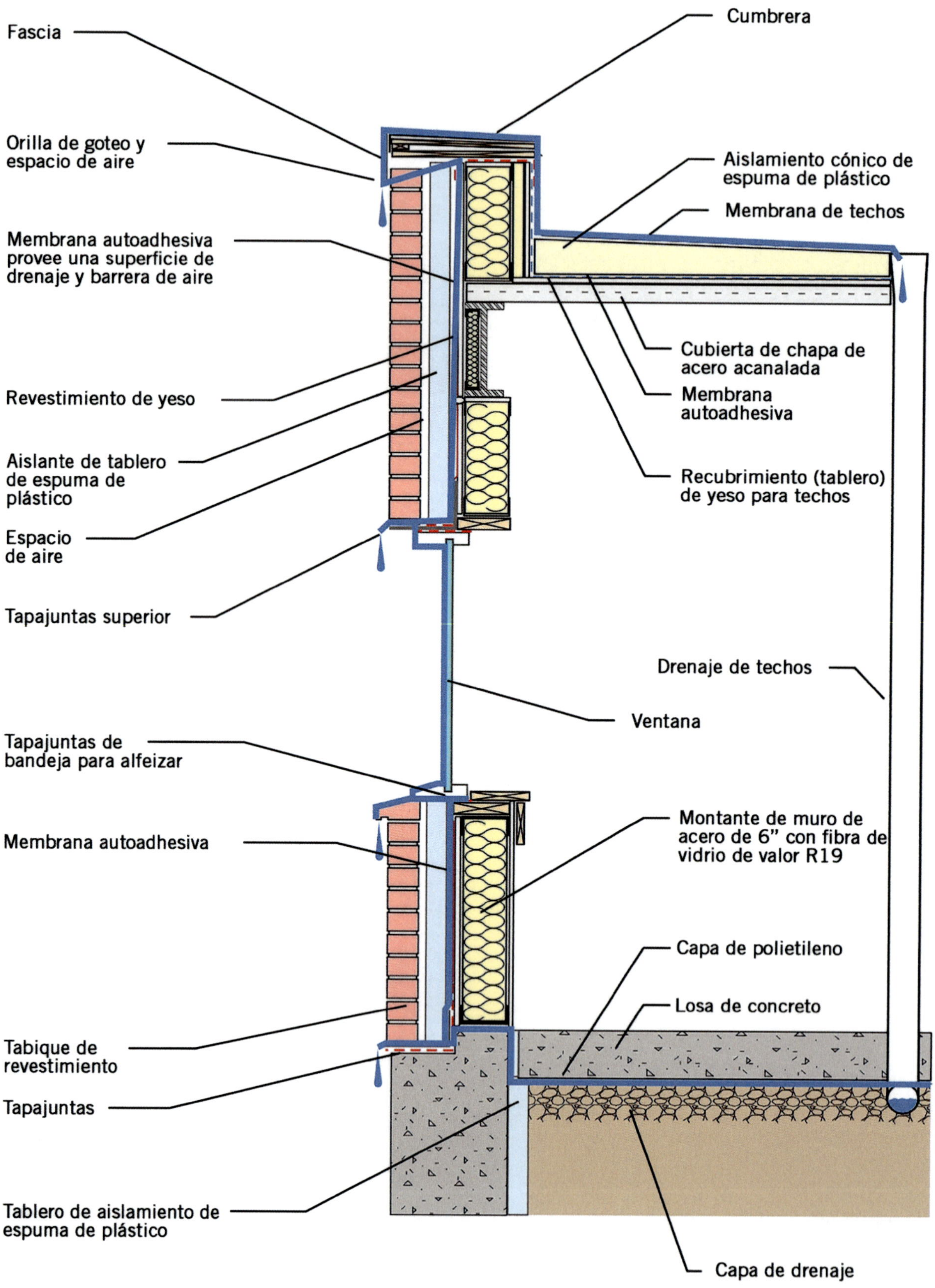

[9] La Figura 1-17 fue actualida en Abril 2014.

- El tapajuntas de bandeja de alféizar se traslapa sobre la barrera WRB en el muro de abajo, el cual se traslapa sobre un tapajuntas que protege la parte inferior del sistema de muro.
- Un sello de alféizar de espuma de polietileno forma una barrera capilar entre la fundación y la parte inferior del muro armado, conectando con una pulgada de aislamiento de poliestireno extruido que forma una barrera capilar entre la parte superior del muro de fundación y el bordo de la losa del piso. La capa de polietileno inmediatamente debajo de la losa provee el retardador de vapor de agua requerido por el código y forma una barrera capilar entre el fondo de la losa y el relleno de abajo. NOTA: Si la cama de relleno debajo de la losa consiste en piedra partida de más de ¼ de pulgada de diámetro (y no contiene materiales finos), la cama también forma una barrera capilar entre el suelo y la losa.

Nótese la importante función de los tapajuntas al excluir y desviar el agua hacia afuera de la edificación si se filtra hacia adentro. Aplicando la prueba del bolígrafo al diseño de la edificación muestra la importancia de los tapajuntas en ambos, un buen diseño y una buena instalación. No hay programas de certificación para la instalación apropiada de tapajuntas; sin embargo las siguientes asociaciones ofrecen materiales educativos y programas de capacitación para el diseño e instalación de tapajuntas:

- Sheet Metal and Air Conditioning Contractors' National Association (SMACNA), www.smacna.org.
- National Roofing Contractors Association, www.nrca.net/.
- National Concrete Masonry Association, www.ncma.org.
- Brick Industry Association, www.bia.org.
- Spray Polyurethane Foam Alliance, www.sprayfoam.org.

Prevenga Fugas en Tuberías Hidrosanitarias

Para evitar fugas en tuberías, los sistemas de tubería nuevos deben ser probados a presión en la fase de construcción cuando las líneas de tubería se pueden inspeccionar fácilmente y las fugas pueden ser reparadas de inmediato. Este es un requerimiento del código en muchas jurisdicciones.

Las líneas de suministro deben estar presurizadas a los valores de diseño, y las líneas de drenaje deben ser capaces de contener agua sin movimiento. La tubería debe ser diseñada no solo para prevenir problemas iniciales, pero también para permitir el fácil mantenimiento para evitar problemas futuros.

Más aún, la tubería debe estar colocada donde:

- Las fugas se van a notar rápidamente.
- El agua filtrada no mojará con facilidad materiales dañados.
- El agua adentro de las tuberías no se congelará en climas fríos.

Los paneles de acceso a la tubería permiten un mantenimiento crítico en la vida de la edificación. Deberán de colocarse en lugares donde las válvulas o trampas ocultas puedan ser inspeccionadas para fugas o tengan acceso para ajustes, mantenimiento o remplazo.

Sin importar el tipo de clima, evítese colocar líneas de tuberías, válvulas y líneas de drenaje en muros exteriores y cielorrasos que tengan aislamiento poroso. Si la tubería tiene fugas, el aislamiento en esos muros o cielorrasos se mojará. Una vez mojado, el aislamiento poroso toma mucho tiempo para secarse (o quizá nunca se seque). Esta situación puede provocar enmohecimiento, corrosión de los sujetadores estructurales y consumo de energía innecesario. Además, en climas con inviernos muy fríos, cualquier tubería colocada en muros exteriores o por encima del aislamiento de cielorrasos es más propensa a congelarse y reventar.

Evite Encerrar Materiales Mojados en Ensamblajes de Construcción

Materiales y equipos sensibles a la humedad deberán mantenerse secos durante la construcción. En particular, los paneles de yeso, madera recubierta, gabinetes y virtualmente todos los equipos mecánicos deberán estar almacenados en un cobertizo protegido contra el clima o instalados en su ubicación final, protegida contra el clima inmediatamente después de su llegada al sitio de construcción.

Si materiales sensibles a la humedad o porosos se mojan, séquelos inmediatamente antes que se enmohezcan o que ocurra algún daño físico. Los muros de mampostería masonería y losas de piso de concreto, por ejemplo, son muy porosos y pueden retener una cantidad muy grande de agua. Los bloques de mampostería y de concreto deben estar completamente secos antes de ser recubiertos o revestidos con materiales sensibles al agua como las baldosas de piso, alfombras, pintura o paneles de yeso con revestimiento de papel.

Se agrega agua a algunos materiales durante la instalación (p. ej., concreto, recubrimientos de base de agua, protección contra el fuego atomizada y aislamientos atomizados). Se debe permitir que estos materiales se sequen naturalmente, o secarlos intencionalmente usando equipo especializado antes de encerrarlos en los ensamblajes de la construcción. Estos materiales que se mojan intencionalmente pueden no ser afectados por largos periodos de exposición a la humedad, pero mientras se secan, van a transferir su humedad a materiales cercanos que pueden fomentar el crecimiento del moho o cambiar sus dimensiones.

Principio #2 para el Control de la Humedad: Manejo de la Condensación

Limite la condensación en interiores y asegúrese que la condensación se seque en el lugar donde, y cuando ocurra.

Problema: La Condensación Sucede—Considere el Punto de Condensación

Ambos, el aire interior y exterior, contienen vapor de agua. A donde vaya el aire, va el vapor de agua. Cuando el aire húmedo hace contacto con una superficie que está suficientemente fría, el vapor de agua en el aire se condensará en esa superficie fría. El concepto de la temperatura del punto de condensación del aire es muy útil para comprender cuando, porque y cuanta condensación ocurrirá—y cómo evitarla.

El punto de condensación es la temperatura del aire en la que la condensación va a comenzar. Entre más alto es el punto de condensación, más grande es el riesgo de condensación en superficies frías. El punto de condensación depende en cuanto vapor de agua contiene el aire. Si el aire es muy seco y tiene pocas moléculas de agua, el punto de condensación es bajo y las superficies tienen que estar mucho más frías que el aire para que ocurra la condensación. Si el aire está muy húmedo y contiene muchas moléculas de agua, el punto de condensación es alto, y la condensación puede suceder en superficies que están solo unos cuantos grados más frías que el aire.[10]

Considere la condensación de clima cálido en el interior de una edificación. La condensación se puede prevenir siempre que punto de condensación del aire interior sea más bajo que la temperatura de las superficies que se espera que se enfríen. Si el punto de condensación sube, la humedad comenzará a condensarse en superficies frías. Por ejemplo aire exterior húmedo colándose adentro de una edificación en Miami tendrá un punto de condensación por encima de los 70°F durante la mayor parte de un año típico. Durante la operación normal de una edificación con aire acondicionado, hay muchas superficies que tienen una temperatura más baja de los 70°F. Por ejemplo, un ducto de aire de suministro que lleva aire a 55°F tendrá una temperatura de superficie cercana a los 55°F. Si el aire exterior que se infiltra tiene un punto de condensación de 70°F, su humedad se condensará en la parte de afuera de ese ducto frío, y posiblemente en el difusor de aire de suministro.

Punto de Condensación vs. Humedad Relativa

Cuando la mayoría de las personas piensan en humedad, piensan en la humedad relativa (HR) más que en el punto de condensación. Pero la humedad relativa es justo eso, una medida relativa y no una que expresa la cantidad absoluta de vapor de agua en el aire. En términos simples, la HR es la cantidad de vapor de agua en el aire comparado a la cantidad máxima que el aire puede contener a su temperatura actual.[11] Si cambia la temperatura del aire, la humedad relativa también cambia, aun si la cantidad absoluta de vapor de agua en el aire se mantiene igual. Entonces, si se sabe solamente la HR del aire no ayuda mucho para predecir la condensación.

A diferencia del HR, el punto de condensación no cambia con la temperatura del aire. En ese sentido es una medida "absoluta" de la cantidad de vapor de agua en el aire. Cuando se sabe el punto de condensación del aire y la temperatura de una superficie, se puede predecir la condensación. Si el punto de condensación es más alto que la temperatura

[10] El punto de condensación puede ser medido enfriando una superficie con espejos solo hasta que la condensación comience a aparecer. Los monitores que miden el punto de condensación directamente de esta manera son llamados aparatos de espejo frio.

[11] La definición técnica más precisa de humedad relativa es el índice de presión de vapor en la muestra de aire comparado con la presión de vapor de ese aire si estuviera completamente saturado a la misma temperatura, expresado como un porcentaje. Pero la definición provista aquí arriba es suficientemente precisa, fácil de entender y útil para manejar la humedad en las edificaciones.

Figura 1-18 Un Diagrama Psicrométrico Muestra la Relación entre la Temperatura del Aire, HR y Punto de Condensación

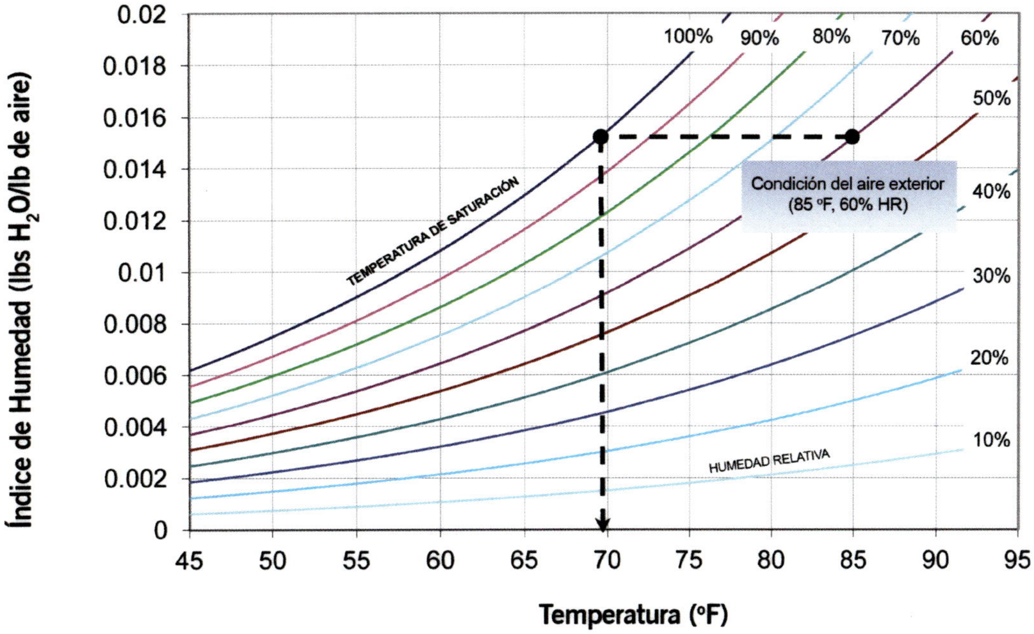

de la superficie, el vapor de agua se condensará sobre esa superficie fría. Si el punto de condensación es más bajo que la temperatura de la superficie, la humedad no se condensará. Así, es simple predecir la condensación, siempre y cuando se sepa el punto de condensación del aire rodeando la superficie.

Por supuesto, saber el punto de condensación no es siempre fácil, porque muchos instrumentos para medir humedad miden y leen solamente la temperatura del aire y la humedad relativa. Entonces, si el instrumento que se está usando no muestra el punto de condensación, se necesitará una diagrama psicrométrico para encontrar el punto de condensación basado en la temperatura y la HR del aire. Un diagrama psicrométrico grafica las propiedades físicas y térmicas del aire húmedo.[12] Un diagrama psicrométrico simplificado que indica la temperatura del aire y la HR a su punto de condensación a nivel del mar es mostrado en la Figura 1-18. Con este diagrama y las lecturas de un monitor de bajo costo para medir la temperatura y la HR del aire, uno puede determinar el valor del punto de condensación más útil en unos segundos.

Por ejemplo, asuma que un instrumento muestra que le aire exterior es de 85°F y su HR es del 60 por ciento. Encuentre ese punto en el diagrama. Luego, comenzando en ese punto siga horizontalmente hacia la izquierda hasta que su línea se intersecte con la curva de saturación (lo que es el 100 por ciento de la curva de HR que forma la orilla izquierda del diagrama). Desde esa intersección, lea derecho hacia abajo hasta la parte inferior del diagrama para determinar el punto de condensación. Cómo se muestra en la Figura 1-18, el punto de condensación del aire a 85°F y 60 por ciento de HR es 70°F. En otras palabras, el aire en esas condiciones comenzará a condensarse cuando entre en contacto con cualquier superficie que tenga una temperatura de 70°F o más baja.

El diagrama psicrométrico revela una importante dinámica entre la temperatura de superficie, punto de condensación y HR. Nótese que si el HR es de 90 por ciento, una superficie solo tiene que estar 3°F más fría que el aire para que ocurra la condensación. Es muy probable que durante las horas de operación en muchas estaciones habrá superficies en edi ficaciones que estén 3°F más frías que la temperatura ambiental controlada.

A altas temperaturas, una HR elevada también quiere decir que hay un alto riesgo de condensación. La Figura 1-19 muestra la relación entre HR y el número de grados más frío que una superficie debe estar para que aparezca la condensación cuando la HR es entre el 25 por ciento y el 100 por ciento. Esta grafica provee una forma de pensar acerca del punto de condensación en términos de HR. Al 50 por ciento de HR, una superficie debe estar unos 20°F más fría que el aire ambiental controlado para que ocurra la

[12] El diagrama psicrométrico es una herramienta poderosa para entender las características del vapor de agua en el aire y los efectos de calefacción y enfriamiento del aire húmedo. Su historia y uso están completamente explicados en la publicación de ASHRAE Understanding Psychrometrics por Donald Gatley.

Figura 1-19 La Diferencia entre Temperatura Ambiental Controlada y el Punto de Condensación como una Función de la HR

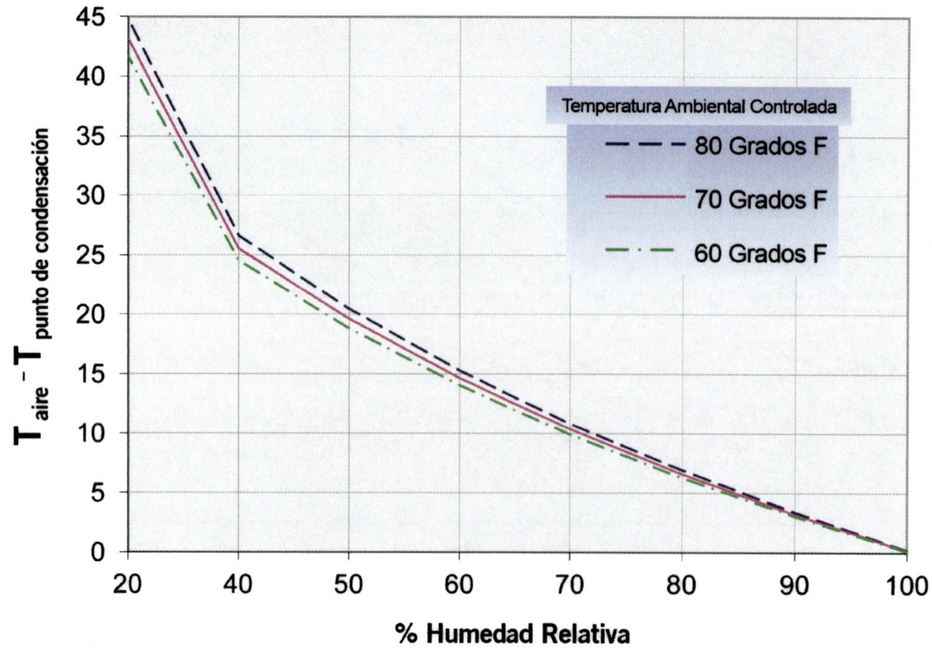

condensación. Bajo circunstancias ordinarias, pocas superficies en una edificación están 20°F más frías que el aire ambiental controlado.

Causas de Condensación en Edificaciones

La condensación puede ser el resultado de un punto de condensación excesivamente alto, superficies inusualmente frías o una combinación de ambas.

El punto de condensación interior es un balance entre la adición y substracción del vapor de agua en el aire. Una edificación tiene ambas fuentes interiores y exteriores que aumentan el vapor de agua, y sus sistemas mecánicos deben tener la capacidad deshumidificadora adecuada para remover la humedad, y mantener el punto de condensación dentro de límites razonables.

Dentro de las edificaciones residenciales las personas y sus actividades, especialmente cocinar y lavado de pisos y ropa, son generalmente las fuentes principales de humedad.

En edificaciones humidificadas comerciales e institucionales como hospitales, museos, y cerramientos de piscinas, la humedad interior es muy alta por diseño o por necesidad.

En edificaciones de baja altura de todo tipo, los sótanos y espacios angostos excesivamente húmedos pueden agregar tanto vapor de agua al aire en un día, como todas las otras fuentes internas combinadas. Durante la estación más fría, las cargas de humedad del aire exterior son mucho más grandes que las cargas generadas dentro de edificaciones comerciales e institucionales. Las fuentes de humedad más grandes son el aire de ventilación, el aire de reposición que remplaza el aire de extracción, y el aire que se filtra en la edificación a través de fugas de aire en el cerramiento. Si la ventilación y el aire de reposición se mantienen secos y la edificación es hermética de manera que no permita muchas fugas, las contribuciones de aire exterior serán bajas.

El vapor de agua puede ser removido del aire interior por deshumidificación (p. ej., aires acondicionados o deshumidificadores) o por aire de ventilación cuando el aire exterior está seco. El aire de ventilación solo deshumidifica los interiores cuando el punto de condensación del aire exterior es más bajo que el punto de condensación del aire interior.

El aire de extracción es un caso especial. Por ejemplo, cuando un ventilador de extracción saca de la edificación aire altamente húmedo de duchas o cocinas, las cargas de humedad son reducidas. Por otra parte, si el aire exterior que remplaza ese aire de extracción tiene un punto de condensación más alto que el punto de condensación interior, el aire exterior entrante representa una carga de humedad que tiene que ser removida por el sistema mecánico.

Figura 1-20 Condensación en Estructuras Metálicas Sin Aislamiento en Climas Fríos

La condensación ocurre en un canal-C en la parte superior de un muro de parapeto ubicado en una zona de clima frío. La edificación se mantiene humidificada y presurizada con aire exterior filtrado para mantener las condiciones interiores especificadas.

Problemas de Condensación Durante Clima Frío

En clima frío, es más probable que ocurra la condensación en la parte interior de muros exteriores o ensamblajes de techos. La temperatura de las cubiertas y revestimientos en la parte de afuera del aislamiento y la barrera de aire será cercana a la temperatura del aire exterior. Las superficies interiores de las ventanas están a menudo más frías que los muros adyacentes y son típicamente los primeros sitios de condensación durante el clima frío. Si la temperatura de un muro interior es más baja del punto de condensación interior en un hueco del aislamiento o en un miembro estructural sin aislamiento, se puede acumular suficiente agua para provocar enmohecimiento. Si hay un hoyo en la barrera de aire y la edificación está bajo presión negativa en ese lugar, aire frío infiltrándose puede sobrepasar la capa de aislamiento y enfriar superficies interiores a temperaturas más bajas del punto de condensación.

La condensación puede ocurrir dentro de un ensamblaje. Por ejemplo, una viga de acero que pasa a través de un muro exterior estará mucho más frio que las superficies internas adjuntas del muro, porque la viga conduce el calor del interior al exterior cien veces más rápido que una porción del muro aislado. Si la edificación está bajo una presión positiva, aire interior más caliente y más húmedo será forzado a entrar en el cerramiento a través de hoyos en la barrera de aire y puede resultar en condensación dentro del ensamblaje.

Los problemas de condensación en ensamblajes de muro o de techo están ocultos, y pueden ser confundidos por agua de lluvia o fugas en tuberías. Por ejemplo, aire caliente de un espacio humidificado, como un área de piscinas, se puede colar pasando la barrera de aire y las capas de aislamiento entrando un ático durante climas congelantes. El vapor de agua en el aire interior puede formar hielo en la parte inferior de una plataforma de techo, acumulándolo allí hasta un día cálido, cuando se derrita y se filtre de nuevo a través del techo. Si pasa que sea en un día lluvioso que el problema de condensación suceda, puede confundirse con un problema de agua de lluvia.

La presión del aire puede ser mayor adentro de la edificación por dos razones. Primero, los pisos de arriba de una edificación están usualmente bajo presión positiva durante clima frío debido al efecto de chimenea. Entonces el aire cálido flotante sube desde los pisos de abajo hacia los pisos de arriba y luego fluye hacia afuera cerca de la parte más alta de la edificación. Cómo resultado, el aire frío exterior es forzado a entrar por la base de la edificación. Durante el clima frío, la condensación usualmente ocurre en los pisos de arriba. Cualquier espacio, hoyo o fisura en los pisos de arriba del cerramiento reciben un flujo constante de aire cálido y húmedo que sale de la edificación. La condensación ocurre donde el aire húmedo sale del cerramiento frio.

La segunda razón por la que la presión del aire puede ser mayor en el interior es que, para evitar vientos incómodos y tubos congelados, el sistema mecánico de ventilación generalmente trae hacia adentro más aire del exterior del que se extrae hacia afuera. La condensación puede ocurrir cuando el aire cálido y húmedo es forzado hacia afuera de la edificación pasando por muros fríos. Adicionalmente, partes de una edificación pueden estar presurizados por ventiladores de sistemas mecánicos si el lado del aire de suministro del sistema de distribución de aire tiene más aire que el lado del aire de reposición. Por ejemplo, un cuarto que tiene dos difusores de suministro pero no reposición dedicada, estará bajo presión positiva cuando las puertas y ventanas están cerradas. Si las superficies interiores de los muros exteriores cerca del cuarto tienen espacios, hoyos y fisuras, el aire húmedo interior bajo presión positiva será forzado hacia el muro exterior frío.

Problemas de Condensación Durante Clima Muy Caluroso

En ocasiones la condensación puede ser un problema en climas muy calurosos. La condensación en climas muy calurosos es más común en edificaciones equipadas con sistemas de aire acondicionado (AC) que son muy grandes y difíciles de controlar y en edificaciones ubicadas en climas que tienen miles de horas de clima húmedo. Seis factores contribuyen a problemas en edificaciones que tienen sistemas de aire acondicionado:

1. El aire acondicionado enfría todas las superficies interiores—algunas superficies más que otras.
2. Cuando los acondicionadores de aire no operan el tiempo suficiente para deshumidificar, enfrían el aire en la edificación sin remover la humedad del aire, elevando el punto de condensación e incrementando las posibilidades de condensación en superficies frías.
3. Ductos de aire de suministro, difusores y líneas de refrigerante o de agua fría están mucho más frías que el aire ambiental del cuarto.
4. Cuando el aire de extracción de una edificación excede la cantidad de su aire de reposición, la edificación admitirá aire exterior no acondicionado cargado de humedad a través de espacios, fisuras y hoyos en el cerramiento de la edificación. Ese aire exterior entrará en contacto con superficies enfriadas por los sistemas de aire acondicionado.
5. La luz directa del sol sobre la mampostería, estuco, o madera elevará la temperatura de ese material, evaporando parte del agua almacenada y "empujando" una porción del agua evaporada más adentro del ensamblaje, y a veces en contacto con superficies interiores más frías.
6. Barreras de vapor intencionales o accidentales en las superficies interiores de muros exteriores pueden causar condensación durante periodos de enfriamiento. Por ejemplo el vapor de agua conducido hacia adentro desde el exterior puede condensarse cuando pega en un revestimiento de muro de vinilo sobre la superficie interior fría de un muro exterior. Una dinámica similar ocurre en muros bajo el nivel del suelo. El vapor de agua desplazándose hacia el sótano desde el suelo abajo, puede condensarse cuando se encuentre con una barrera de vapor en la parte interior de un muro de sótano revestido.

Solución: Controlar la Condensación

Un control efectivo de la condensación requiere mantener el punto de condensación por debajo de la temperatura de superficies interiores y dentro de las cavidades de la edificación. El punto de condensación puede reducirse diseñando, instalando y manteniendo sistemas de HVAC para controlar la humedad interior en ambas modalidades de calefacción y enfriamiento. Los cerramientos de edificaciones pueden ser diseñados y construidos para que las temperaturas de la superficie en los ensamblajes estén por encima del punto de condensación sin importar la estación del año. Ninguno de estos elementos de diseño puede tener éxito por sí mismo. Tienen que trabajar como un sistema.

Usar sistemas de HVAC herméticos para mantener bajos los puntos de condensación. Para prevenir la condensación en superficies interiores en el modo de enfriamiento, manténgase el punto de condensación debajo de los 55°F (lo que es, 50 por ciento máximo de HR cuando la temperatura del aire interior es de 75°F). Esto se puede lograr diseñando sistemas de aire acondicionado que deshumidifican aun cuando no hay necesidad de enfriamiento, o usando deshumidificadores específicamente para secar el aire de ventilación cuando el punto de condensación del aire exterior es más alto de 55°F. Vea las referencias más adelante y las del Capítulo 2 para más detalles de diseño de sistemas de HVAC para el manejo de la humedad interior.

El trabajo más importante del sistema de aire acondicionado es remover la enorme y casi continua carga de humedad de la ventilación entrante y del aire de reposición. Después que la carga ha sido removida, las mucho menores cargas de vapor de agua de fuentes interiores puede ser removida por:

- **Sistemas de extracción** diseñados para remover el vapor de agua preveniente de fuentes de humedad bien conocidas como duchas, áreas de cocina y piscinas interiores.
- **Ventilación** con aire exterior en edificaciones sin aire acondicionado.

- **Sistemas de aire acondicionado** equipados con componentes específicos de deshumidificación y controles que los activen cuando el punto de condensación suba por encima de los 55°F.

Diseñar cerramientos de edificaciones para prevenir la condensación. Cómo mínimo el exterior del cerramiento debe:

- Hermetizarse usando sistemas de barreras de aire continuas alrededor de todo el cerramiento. Estos sistemas deben reducir en gran proporción la fuga de aire interior hacia los ensamblajes exteriores del cerramiento durante clima frío y reducir la entrada de aire exterior hacia el exterior del cerramiento o cavidades del muro interior, cielorraso, y piso durante clima cálido.[13] Al sellar el paso del aire de un cerramiento se facilita el manejo de la relación interior-exterior de la presión del aire con índices de flujos de aire en cantidades prácticas.
- Cumplir con los Valores de R mínimos de acuerdo con el Código de Internacional de Conservación de Energía (IECC) 2012.
- Manejar el flujo del calor y del vapor de agua a través de todos los ensamblajes del cerramiento para evitar la condensación en materiales en el interior de la superficie de drenaje.

Los materiales aislantes deben usarse para manejar el flujo del calor para guardar la temperatura de superficies de materiales de baja permeabilidad dentro del cerramiento por encima del punto de condensación previsto. Una barrera térmica continua es también necesaria para prevenir la condensación en las superficies interiores de muros exteriores y cielorrasos durante periodos de calefacción. La capa aislante debe ser continua, para prevenir la condensación en componentes con un Valor de R bajo en el cerramiento (p. ej., estructuras metálicas bordos de losas de concreto y ángulos de acero). La prueba del bolígrafo puede realizarse para trazar la continuidad de la barrera térmica.

Para manejar el desplazamiento del vapor de agua por difusión, seleccione materiales con la permeabilidad de vapor de agua apropiada. Los materiales en el ensamblaje del muro o del techo deben estar colocados en capas para mantener los materiales de baja permeabilidad por encima del punto de condensación durante las estaciones de uso de calefacción y enfriamiento y para permitir que se seque el ensamblaje si se moja. Esta protección debe proveerse en todos los muros por encima y por debajo de la línea del suelo, pisos, cielorrasos, ensamblajes de techo y de área, incluyendo muros y techos opacos, y ensamblajes vidriados como ventanajes, tragaluces, sistemas de muro de cortina y puertas al exterior.

Se debe proveer control de la condensación para secciones típicas y en puentes termales. Muchos diseños estándar en trabajos publicados detallan los ensamblajes que proveen el control de la condensación para diferentes ensamblajes en muchos climas. Por ejemplo, el Código Internacional de la Edificación (IBC) trata el control de la condensación para una variedad de tipos de muros en todos los climas de Norteamérica. Straube (2011) incluye direcciones sistemáticas para los cuatro ensamblajes fundamentales de muros y techos en todos los climas de Norteamérica, además de una explicación de las dinámicas de la humedad subyacente. (Ver la Referencias más adelante y en el Capítulo 2. Para diseños y climas no tratados en guías publicadas, y para edificaciones con niveles de humedad altos en interiores, [p. ej., piscinas, hospitales, fábricas de tejido y museos], análisis deben ser realizados por una persona conocedora usando uno de los diferentes simuladores computarizados como WUFI o *hyg*IRC. Para más información en el manejo de la condensación en cerramientos y modelaje higrotérmico ver las referencias en el Capítulo 2.)

Es importante notar que una capa de material poroso que puede almacenar humedad sin riesgo puede usarse como defensa para incrementar la resistencia a la condensación en un ensamblaje. Por ejemplo, un panel de cubierta fibrosa debajo de una membrana de techo completamente adherida y ligeramente inclinada reduce el riesgo de condensación que puede dañar la capa adhesiva. Un muro de respaldo de mampostería de concreto detrás de una superficie de drenaje aplicada en líquido, puede almacenar sin riesgo la humedad en caso de filtraciones menores.

Diseñar sistemas de HVAC para manejar el flujo de aire y controlar la condensación. El sistema de presurización del HVAC puede usarse para manejar la dirección en la cual el aire fluye a través de un cerramiento. El control de la presión en edificaciones con aire acondicionado en climas cálidos y húmedos es esencial para controlar la condensación en el

[13] El U.S. Army Corps of Engineers [Cuerpo de Ingenieros de la Armada de Estados Unidos] (USACE), ha escogido un índice máximo admisible de fuga de aire de 0.25 pies cúbicos por pie cuadrado de área de cerramiento total cuando hay una diferencia de presión de 75 pascales, cuando se prueba de acuerdo con los protocolos de ensayo de USACE. *U.S. Army Corps of Engineers Air Leakage Test Protocol for Building Envelopes Version 3,* May 11, 2012.

cerramiento. Las edificaciones en esos climas deben estar positivamente presurizadas para prevenir que entre el aire caliente y húmedo en cavidades y en la misma edificación.

En climas con una estación significativamente fría, las edificaciones humidificadas—como piscinas, hospitales y museos—no deben estar bajo presión positiva; de otra forma el aire húmedo estará forzado a entrar en cavidades de la edificación frías. In climas fríos, un poco de despresurización es una estrategia preferible para edificaciones humidificadas.

Principio #3 para el Control de la Humedad: Usar Materiales Tolerantes a la Humedad

El último principio para el control de la humedad es usar materiales de construcción que puedan soportar mojarse, en áreas que se puede asumir que se mojen. Se puede lograr un control adecuado usando materiales tolerantes a la humedad y diseñando ensamblajes que se sequen con rapidez. Los materiales tolerantes a la humedad se deberán usar en áreas que:

- Por diseño, se mojarán.
- Es probable que se mojen por accidente.

Áreas que se mojan por diseño

Algunos lugares y materiales en las edificaciones están diseñados para estar mojados de vez en cuando. Incluyen cuartos de servicio, cuartos de lavandería, cocinas, baños, piscinas interiores, tinas de hidromasaje, vestidores, pisos de recintos de entrada y pisos que son regularmente limpiados o lavados con agua.

Áreas que posiblemente se mojen por accidente

En algunas áreas es posible tener fugas de agua en el curso del tiempo. Por ejemplo, espacios que contienen equipos hidrosanitarios, como cuartos de lavandería, lavatorios, y cuartos de baño y de servicio están propensos a fugas de agua y derramamientos. Ensamblajes de pisos y muros debajo del nivel del suelo están en la parte inferior de la edificación. El agua de las fugas por abajo del nivel del suelo, en la superficie, o por arriba del nivel del suelo es posible que terminen en el piso más bajo. En estas áreas, use materiales tolerantes a la humedad y ensamblajes que se sequen pronto.

Muchos materiales pueden mojarse sin problemas siempre y cuando se sequen lo suficientemente rápido. Acero inoxidable, cobre, algunas piedras, baldosas de porcelana y de azulejo no contienen nutrientes que puedan promover el crecimiento de moho o bacterias, no absorben agua y son estables cuando se mojan. Estas características explican por qué estos materiales han sido usados por largo tiempo en cuartos de baño, cocinas y recintos de entrada.

En áreas que se pueden mojar de vez en cuando, es mejor evitar materiales que se tiene comprobado que son vulnerables al daño por humedad. Entre esos materiales sensibles a la humedad están los paneles de yeso con revestimiento de papel no tratados por resistencia al moho, tableros de fibras de densidad media (MDF) y madera prensada orientada (OSB). Materiales sensibles a la humedad son vulnerables porque pueden:

- Contener nutrientes que son digeribles por el moho, bacterias o mohos que deterioran la madera.
- Absorber rápida y fácilmente el agua en estado líquido y una vez mojados, toma más tiempo para secarse que los materiales que son impermeables al agua en estado líquido.
- No tener características antimicrobianos.
- Perder el laminado, desbaratarse, disolverse o deformarse cuando se mojan o mientras se secan.

Sustituciones de materiales vulnerables se encuentran ahora fácilmente disponibles a solo un modesto incremento en el costo. Por ejemplo, paneles de yeso resistentes a la humedad y al moho, de paneles de cemento de fibra para respaldo de baldosas, y bajo pisos, están disponibles en tiendas de materiales para mejoras de casas además de almacenes de materiales para constructores.

Cuando en duda, las propiedades de resistencia contra la humedad de un material de construcción puede ser determinado por pruebas de acuerdo con la norma *ASTM D3273-12, Standard Test Method for Resistance to Growth of Mold on the Surface of Interior Coatings in an Environmental Chamber [Método de Prueba Estandarizado para Evaluar la Resistencia al Desarrollo de Moho en la Superficie de Revestimientos Interiores en una Cámara Ambiental].* Los diseñadores pueden preguntar al fabricante para los resultados de esas pruebas.

REFERENCIAS

Se incluyen las siguientes fuentes para más información y guía.

Advanced Energy. 2003. *Closed Crawl Spaces: A Quick Reference for the Southeast.* Consultado el 6 de Noviembre de 2013. www.crawlspaces.org.
(Este documento condensado provee detalles e información técnica para el diseño y construcción de espacios angostos residenciales, cerrados y aislados. Los reportes de investigación completos en los que se basan las recomendaciones para espacios angostos también pueden encontrarse en el sitio www.crawlspaces.org. Aunque la investigación fue hecha en Carolina del Norte, muchos de los resultados pueden aplicarse a otros climas.)

ACCA (Air Conditioning Contractors of America). 1995. *Manual D: Residential Duct Systems, Second Edition.* Arlington, VA: ACCA.
(Esta guía para diseño de ductos e instalación es la base para los códigos de edificación en varios estados y es un estándar nacional aprobado por ANSI.)

Air Tightness Testing and Measurement Association. 2006. *Technical Standard 1 Measuring Air Permeability of Building Envelopes.*

ANSI/AMCA (American National Standards Institute/Air Movement and Control Association). 2007. *AMCA Standard 500-L-07, Laboratory Methods of Testing Louvers for Rating.* AMCA.

ASHRAE (American Society of Heating, Refrigerating and Air-Conditioning Engineers). 2013. *Standard 90.1-2013, Energy Standard for Buildings Except Low-Rise Residential Buildings.* Atlanta, GA: ANSI/ASHRAE/IES.
(Este estándar provee los requerimientos mínimos para el diseño para la eficiencia energética de todas las edificaciones, exceptuando edificaciones residenciales de baja altura.)

ASHRAE (American Society of Heating, Refrigerating and Air-Conditioning Engineers). 2016. *Standard 62.2-2016, Ventilation and Acceptable Indoor Air Quality in Low Rise Residential Buildings.* Atlanta, GA: ANSI/ASHRAE/IES.
(Este estándar aplica a edificaciones residenciales de baja altura. Los sistemas de extracción se tratan en partes de las secciones 5, 6 and 7.)

ASHRAE (American Society of Heating, Refrigerating and Air-Conditioning Engineers). 2004. *Standard 62.1-2004, Ventilation for Acceptable Indoor Air Quality.* Atlanta, GA: ANSI/ASHRAE.
(El estándar de ventilación de ASHRAE provee la información necesaria para determinar los índices de ventilación para ocupaciones diferentes además de una cantidad de requerimientos de diseño de operación y mantenimiento para asegurar el desempeño adecuado del equipo de ventilación. La Sección 6.2.8 trata específicamente la ventilación de extracción. El Estándar 62.1 aplica a muchas situaciones.)

ASHRAE (American Society of Heating, Refrigerating and Air-Conditioning Engineers). 2016. *Standard 62.1-2016, Ventilation for Acceptable Indoor Air Quality.* Atlanta, GA: ANSI/ASHRAE/IES.

ASHRAE (American Society of Heating, Refrigerating and Air-Conditioning Engineers). 2016. *Position Document on Limiting Indoor Mold and Dampness in Buildings.* www.ashrae.org/File%20Library/docLib/About%20Us/PositionDocuments/ASHRAE---Limiting-Indoor-Mold-and-Dampness-in-Buildings.pdf.

ASTM (American Society for Testing and Materials) D01.28 Technical Subcommittee. 2012. *ASTM D3273-12, Standard Test Method for Resistance to Growth of Mold on the Surface of Interior Coatings in an Environmental Chamber.* West Conshohocken, PA: ASTM International.

ASTM (American Society for Testing and Materials) D01.28 Technical Subcommittee. 2013. *ASTM D7855-13, Standard Test Method for Determination of Mold Growth on Coated Building Products Designed for Interior Applications Using an Environmental Chamber and Indirect Inoculation.* West Conshohocken, PA: ASTM International.

ASTM (American Society for Testing and Materials) E06.41 Technical Subcommittee. 2003. *ASTM E1554-03, Standard Test Methods for Determining External Air Leakage of Air Distribution Systems by Fan Pressurization.* West Conshohocken, PA: ASTM International.

ASTM (American Society for Testing and Materials) E06.41 Technical Subcommittee. 2010. *ASTM E779-10, Standard Test Method for Determining Air Leakage Rate by Fan Pressurization.* West Conshohocken, PA: ASTM International.

Atlanta Regional Commission. 2001. *Georgia Stormwater Management Manual, Volume 2: Technical Handbook, First Edition.*
(El Volumen 2 de este Instructivo Técnico provee direcciones en las técnicas y medidas que pueden ser implementadas para cumplir un conjunto de estándares mínimos para el manejo de aguas de tormenta para nuevos desarrollos y reurbanizaciones. El Volumen 2 está diseñado para proveer al diseñador o ingeniero del sitio con información requerida para tratar y controlar efectivamente ambas, la calidad y cantidad del agua en un sitio de desarrollo. Este incluye direcciones en mejores prácticas de diseño del sitio, criterios para la selección y diseño de controles de agua de tormenta estructurales, diseño y construcción del sistema de drenaje e información de mantenimiento.)

Baker, M. C. 1972. "Drainage From Roofs." *Canadian Builders Digest.* 151. Ottawa.
(Este compendio trata en general techos y drenaje de techos y destaca diversas consideraciones de diseño de drenajes de techos.)

Brennan, T., J. B. Cummings, and J. Lstiburek. 2002. "Unplanned Airflows and Moisture Problems." *ASHRAE Journal.* November 2002: 44–49.
(Este artículo revisa las dinámicas de la humedad causadas por flujos de aire no planeados durante los modos de calefacción y enfriamiento, y trata las intervenciones que pueden hacerse para prevenir o resolver problemas.)

Building Science Corporation. 2005. *Read This Before You Design, Build or Renovate.* Consultado el 6 de Noviembre de 2013. www.buildingscience.com/documents/guides-and-manuals/gm-read-this-before-you-design-build-renovate.
(Este folleto ofrece direcciones sobre prácticas de remodelación que promueven casas saludables reduciendo el riesgo de exposición a peligros comunes a los ocupantes. Estas prácticas también frecuentemente producen otros beneficios como mayor durabilidad y reducción de costos de operación.)

CMHC (Canada Mortgage and Housing Corporation). 1997. *Best Practice Guide: Building Technology—Brick Veneer Concrete Masonry Unit Backing.* CMHC.

CMHC (Canada Mortgage and Housing Corporation). 2002. *Best Practice Guide: Building Technology—Architectural Precast Concrete: Walls and Structure.* CMHC.

CMHC (Canada Mortgage and Housing Corporation). 2003. *Best Practice Guide: Building Technology—Fire and Sound Control in Wood-Frame Multi-Family Buildings.* CMHC.

CMHC (Canada Mortgage and Housing Corporation). 2004. *Best Practice Guide: Building Technology—Glass and Metal Curtain Walls.* CMHC.

CMHC (Canada Mortgage and Housing Corporation). 2006. *Best Practice Guide: Building Technology—Brick Veneer Steel Stud.* CMHC.

CMHC (Canada Mortgage and Housing Corporation). 2006. *Best Practice Guide: Building Technology—Flashings.* CMHC.

CMHC (Canada Mortgage and Housing Corporation). 2006. *Best Practice Guide: Building Technology—Wood Frame Envelopes.* CMHC.

CMHC (Canada Mortgage and Housing Corporation). 2006. *Best Practice Guide: Building Technology—Wood-Frame Envelopes in the Coastal Climate of British Columbia.* CMHC.

Connecticut Department of Environmental Protection. 2004. *Connecticut Stormwater Quality Manual.* Edited by J. A. Rothchild. Hartford: Connecticut Department of Environmental Protection.
(Este manual provee dirección en las medidas necesarias para proteger las aguas de los impactos adversos de las aguas de tormentas después de la construcción. Las direcciones son aplicables a nuevos desarrollos, reurbanización, y renovaciones a desarrollos existentes. El manual se enfoca en planeación del sitio, control de las fuentes, prevención de polución, y prácticas de tratamiento de aguas de tormenta.)

Department of the Army. 1994. *Site Planning and Design, TM 5-803-6.* Consultado el 6 de Noviembre de 2013. www.wbdg.org/ccb/ARMYCOE/COETM/ARCHIVES/tm_5_803_14.pdf.
(Este manual técnico describe los procesos de diseño y planeación del sitio, usados para desarrollar un proyecto para cumplir los requerimientos de las instalaciones y crear una relación óptima con el sito natural. El manual se enfoca en los procesos de planeación y diseño mientras conduce desde el análisis del programa y del sitio hasta la preparación de un plan del sitio conceptual.)

Ferguson, B. K. 2005. *Porous Pavements.* Boca Raton: CRC Press/Taylor & Francis.
(Este libro provee una guía exhaustiva y relata casos de diseño, construcción y mantenimiento, basado en 25 años de experiencia práctica con pavimentos porosos, su hidrología y su relación con el drenaje de aguas de tormenta y manejo de aguas superficiales para edificaciones, caminos, estacionamientos, y vegetación en áreas verdes.)

Fraunhofer Institute of Building Physics. 2013. "WUFI." Consultado el 6 de Noviembre. https://wufi.de/en/.
(Software de modelación higrotérmica para evaluar las dinámicas del vapor de agua en muros y sistemas de techo en climas diversos. WUFI está disponible en el Fraunhofer Institute of Building Physics [www.hoki.ibp.fraunhofer.de/] en Alemania. Una versión limitada del WUFI esta disponible gratuitamente en el Oak Ridge National Laboratory [www.ornl.gov/sci/btc/apps/moisture/] y ORNL da capacitación en el uso de WUFI.)

Gatley, D. P. 2000. "Dehumidification Enhancements for 100-Percent-Outside-Air AHU's: Enthalpy Heat Exchange, the Use of Desiccants, and Vapor Compression Dehumidifiers Are Cost Effective Ways to Maintain Healthy and Comfortable Buildings, Part 2." *HPAC Heating/Piping/AirConditioning Engineering.* November: 51–59.
(Esta serie de artículos en tres partes describe los fundamentos psicrométricos en la ventilación de edificaciones y provee direcciones de diseño para varios métodos para mejorar el desempeño de la deshumidificación de sistemas de aire acondicionados y de ventilación.)

Gatley, D. P. 2000. "Dehumidification Enhancements for 100-Percent-Outside-Air AHU's: Recuperative Heat Exchange Is an Energy-Efficient Way to Accomplish Reheat While Also Reducing Cooling Capacity, Part 2." *HPAC Heating/Piping/Air Conditioning Engineering.* October: 51–59.
(Esta serie de artículos en tres partes describe los fundamentos psicrométricos en la ventilación de edificaciones y provee direcciones de diseño para varios métodos para mejorar el desempeño de la deshumidificación de sistemas de aire acondicionados y de ventilación.)

Gatley, D. P. 2000. "Dehumidification Enhancements for 100-Percent-Outside-Air AHU's: Simplifying the Decisionmaking Process, Part 1." *HPAC Heating/Piping/Air Conditioning Engineering.* September: 27–32.
(Esta serie de artículos en tres partes describe los fundamentos psicrométricos en la ventilación de edificaciones y provee direcciones de diseño para varios métodos para mejorar el desempeño de la deshumidificación de sistemas de aire acondicionados y de ventilación.)

Harriman, L., G. Brundrett and R. Kittler. 2001. *Humidity Control Design Guide for Commercial and Institutional Buildings (ASHRAE Humidity Control Design Guide).* Atlanta, GA: ASHRAE.
(Este manual de la ASHRAE es un esfuerzo para expandir el diseño de equipos de enfriamiento para incluir el desempeño de la deshumidificación. El análisis de diseño incluye el desempeño del punto de condensación pico del aire exterior, así como el análisis de la temperatura pico exterior.)

Henderson, H. I., D. B. Shirey, and R. A. Raustad. 2003. "Understanding the Dehumidification Performance of Air Conditioning Equipment at Part-Load Conditions." Presentación en la Conferencia de CIBSE/ASHRAE en Edinburgh, Scotland, del 24 a 26 de Septiembre de 2003. (Este reporte técnico presenta un análisis y datos acerca de la degradación del desempeño deshumidificador en equipos de aire acondicionado durante condiciones parciales de carga de calor sensible. Se exponen los controles and sistemas que contribuyen a este problema.)

ICC (International Code Council). 2012. *International Building Code 2012.* ICC. (El Capítulo 18 provee los requerimientos del código para suelos y fundaciones incluyendo requerimientos para excavaciones, nivelado y relleno alrededor de fundaciones. La Sección 1203.3.1 contiene requerimientos para espacios angostos ventilados.)

ICC (International Code Council). 2012. *International Energy Conservation Code 2012.* ICC. (El IECC trata la eficiencia energética en casas y edificios. IECC es el sucesor del Model Energy Code [Codigo Modelo de Energía] [MEC] del consejo American Building Code Officials [CABO]. El IECC se revisa en ciclos de 3 años con un suplemento emitido a la mitad del ciclo. Revisiones al código ocurren mediante un proceso abierto de audiencias públicas, y cada código o suplemento es nombrado por el año en que ha sido adoptado [por.ej., 2006 IECC].)

ICC (International Code Council). 2012. *International Plumbing Code 2012.* ICC. (El Capítulo 11 provee los requerimientos del código para drenaje de agua de tormentas, incluyendo requerimientos para el drenaje de techos. Las Secciones 312.2 a 312.5 especifican una prueba por gravedad de drenajes y ventilación de los sistemas sanitarios.)

IRC (Institute for Research in Construction). 2013. *Hyg*IRC. Consultado el 6 de Noviembre. archive.nrc-cnrc.gc.ca/eng/projects/irc/hygirc.html. (*Hyg*IRC es un sofisticado modelador que esta activamente apoyado por el IRC. Talleres disponibles. Cómo WUFI y MOIST, HygIRC asume que no hay flujo de aire a través del ensamblaje.)

Kanare, H. 2005. *Concrete Floors and Moisture.* Skokie, IL: Portland Cement Association.

Lstiburek, J. 2004. "Understanding Vapor Barriers." *ASHRAE Journal.* 46: 40. (Este artículo de ASHRAE describe las dinámicas del vapor de agua en secciones de muros y provee un diagrama de flujo para seleccionar materiales para el interior y el exterior de cavidades de muros que tienen la permeabilidad apropiada para climas específicos. Los ensamblajes pueden estar diseñados sin recurrir a simulaciones computarizadas.)

Lstiburek, J. 2006. "Understanding Attic Ventilation." *ASHRAE Journal.* 48: 36. (Este artículo del ASHRAE Journal trata los principios fundamentales de la ventilación de áticos en edificaciones.)

Lstiburek, J. 2006. "Understanding Basements." *ASHRAE Journal.* 48: 24. (Este artículo identifica problemas de control de la humedad que se observan a menudo en sótanos y soluciones a esos problemas.)

Lstiburek, J. 2006. "Understanding Drain Planes." *ASHRAE Journal.* 48: 30. (Este artículo del ASHRAE Journal trata los principios fundamentales del control del agua de lluvia en edificaciones, enfocándose en el uso de materiales resistentes al agua que proveen drenaje traslapado por debajo de los materiales de enlucidos.)

National Asphalt Pavement Association. 2016. *National Asphalt Pavement Association.* www.asphaltpavement.org. (La National Asphalt Pavement Association [Asociación Nacional de Pavimentación de Asfalto] es una asociación gremial que provee materiales técnicos, educativos, y promocionales, e información a sus clientes, y provee información técnica concerniente a materiales de pavimentación.)

NCARB (National Council of Architectural Registration Boards). 2005. *Mold and Moisture Prevention.* Edited by J. D. Odom and G. H. DuBose. Washington, D.C. (Este manual es la 17ava. monografía del Programa de Desarrollo Profesional de la NCARB. Describe problemas de humedad y enmohecimiento en edificaciones, consideraciones específicas de diseño y construcción para cerramientos y sistemas de HVAC y su relación con problemas de humedad enmohecimiento.)

NIBS (National Institute of Building Sciences). 2013. *Building Envelope Design Guide (Whole Building Design Guide).* Consultado el 6 de Noviembre. www.wbdg.org/design/envelope.php. (NIBS, bajo dirección de su Federal Envelope Advisory Committee, ha desarrollado esta exhaustiva guía para el diseño y construcción de la envolvente exterior para edificaciones comerciales e institucionales. Se incluyen ejemplos de especificaciones y secciones.)

Rose, W. B. 2005. *Water in Buildings: An Architect's Guide to Moisture and Mold.* New York: John Wiley & Sons. (Esta no es una guía de diseño, sino más bien un análisis más profundo del agua y su peculiar comportamiento en relación a los materiales de construcción, ensamblajes y edificaciones completas. Está ilustrado con ejemplos específicos, explica el cómo y el porqué del control de la humedad.)

SMACNA (Sheet Metal and Air Conditioning Contractors' National Association). 1985. *SMACNA Air Duct Leakage Test Manual.* Virginia: SMACNA. (Un complemento al HVAC Duct Construction Standards – Metal and Flexible, este manual contiene la clasificación de fugas de ductos de construcción, relación de fugas esperadas para ductos sellados y no sellados and, procedimientos para pruebas de fugas, recomendaciones en el usa de pruebas de fugas, tipos de aparatos de prueba y preparación para pruebas y análisis de ejemplos de fugas.)

SMACNA (Sheet Metal and Air Conditioning Contractors' National Association). 1993. *Architectural Sheet Metal Manual – Fifth Edition.* Virginia: SMACNA.
(El SMACNA Architectural Sheet Metal Manual provee los criterios de diseño y detalles para sistemas de drenaje de techos, fascia para detener grava de techos, albardillas, tapajuntas, extensiones de edificaciones, techos y sistemas de muros de metal, listones y telas de alambre y otras estructuras de metal. El Capítulo 1 contiene información, calculación, y gráficas para diseñar sistemas de drenaje de techos.)

Spray Polyurethane Foam Alliance. 2003. *Spray Polyurethane Foam for Exterior Subgrade Thermal and Moisture Protection.* Virginia: Spray Polyurethane Foam Alliance.
(Una guía técnica para especificar la espuma de poliuretano de celda cerrada atomizado en el exterior de muros de sótanos como aislamiento térmico y protección contra la humedad.)

Straube, J. 2011. *High Performance Building Enclosures.* Somerville, MA: Building Science Press.
(Este libro incluye los fundamentos que sostienen los principios físicos del calor, el aire y el control de la humedad en cerramientos de alto desempeño en edificaciones y una guía de diseño práctico para lograrlos para una amplia variedad de ensamblajes de cerramientos en todas las zonas climáticas de Norteamérica.)

Texas Water Development Board. 2005. *The Texas Manual on Rainwater Harvesting.* Texas: Texas Water Development Board. Consultado el 6 de Noviembre de 2013. www.twdb.texas.gov/publications/brochures/conservation/doc/RainwaterHarvestingManual_3rdedition.pdf.
(Este manual presenta una exposición de la historia de recolección de aguas de lluvia, componentes de sistema de recolección, calidad y tratamiento de aguas, tamaño del sistema y mejores prácticas de manejo.)

USEPA (United States Environmental Protection Agency). 2001. EPA 816-F-01-020. *Source Water Protection Practices Bulletin: Managing Storm Water Runoff to Prevent Contamination of Drinking Water.* Washington, D.C.: USEPA. Consultado el 6 de Noviembre de 2013. nepis.epa.gov/exe/ZyPURL.cgi?Dockey=P1009V63.txt.
(Esta hoja de datos se enfoca en el manejo de escorrentía en ambientes.)

USEPA (United States Environmental Protection Agency). 2006. *Alternative Pavers (Post-Construction Storm Water Management in New Development and Redevelopment).* Washington, D.C.: USEPA.
(Esta fuente tiene la intención de proveer una guía en los tipos de prácticas que pueden usarse para desarrollar e implementar programas de manejo de aguas de tormentas.)

USEPA (United States Environmental Protection Agency). 2006. *Construction Site Stormwater Runoff Control.* Washington, D.C.: USEPA.
(Este sitio internet describe las mejores practicas administrativas [BMPs] para el control de escorrentias de agua de tormentas en los sitios de construccion.)

USEPA (United States Environmental Protection Agency). 2006. *National Menu of Storm Water Best Management Practices.* Washington, D.C.: USEPA.
(Esta fuente provee información detallada incluyendo la aplicabilidad, los criterios de diseño, limitaciones y requerimientos de mantenimiento para estos y muchos otros métodos de drenaje del sitio de construcción.)

USEPA (United States Environmental Protection Agency). 2006. *Porous Pavement (Post-Construction Storm Water Management in New Development and Redevelopment).* Washington, D.C.: USEPA.
(Este recurso provee información detallada del manejo de agua de tormentas posterior a la construcción incluyendo mejores prácticas de operación y mantenimiento [O&M]).

Water Management Committee of the Irrigation Association. 2010. *Turf and Landscape Irrigation: Best Management Practices.* Irrigation Association.
(La Asociación de Irrigación trata asuntos de las políticas públicas relacionadas con los estándares del uso del agua en los ámbitos local, nacional e internacional.)

Fundamentos Básicos del Comportamiento del Agua

El agua existe a temperaturas a menudo encontradas en edificaciones en estado líquido, como un gas (vapor de agua) y en un estado intermedio (adsorbido en superficies sólidas).

El agua en estado líquido se mueve de un lugar a otro en diferentes formas:

- **El agua corre por medio de tuberías y recipientes.** El agua se transporta de alta presión a baja presión en tubos y artefactos. Una fuga en un tubo o tanque presurizado puede dejar salir mucha más agua que una fuga similar en la parte de drenaje del sistema hidrosanitario.
- **El agua corre hacia abajo.** El agua de lluvia, aguas superficiales, agua derramada, agua en la parte de drenaje de los artefactos hidrosanitarios y el agua en bandejas de condensación son todos afectados por la gravedad.
- **El agua se absorbe desplazándose hacia arriba.** El agua se absorbe hacia arriba a través de hoyos y fisuras microscópicas. Para ver la absorción en acción, ponga dos placas de vidrio en su bordo en ¼ de pulgada de agua. Júntelos, y a medida que se acercan, el agua sube entre ellos. Entre más cerca estén las placas, más sube el agua. Esto pasa porque las moléculas de agua se atraen al vidrio y a otras moléculas de agua. Lo que sucede en fisuras sucede en los poros microscópicos de los materiales. Ponga un material poroso como papel, madera, concreto, una esponja o un panel de yeso en sus bordos en ¼ de pulgada de agua y el agua se absorberá subiendo por el material. Cuan alto llegará depende del tamaño de los poros y que tan rápido pueda secarse en los lados al aire. El agua se absorbe a través de materiales en un proceso llamado "acción capilar." Cuando el agua está en poros microscópicos, la gravedad no es la fuerza más importante que actúa en ella.
- **El agua corre siguiendo la parte inferior o los lados de los materiales.** Por la misma razón que el agua se absorbe hacia arriba a través de materiales porosos, el agua se puede adherirse a los lados y parte inferior de los materiales. El agua se atrae a muchos materiales y a sí misma. El agua proveniente de la lluvia o de alguna fuga de tuberías puede viajar muchos pies a lo largo de la parte inferior de una vigueta de piso o cercha antes de juntarse en una gota suficientemente grande para que se caiga. Cuando el agua primero se condensa en un espejo o una serpentina de enfriamiento, se adhiere a las superficies verticales. El agua no corre hasta que las gotitas se hacen suficientemente grandes para que la gravedad venza las fuerzas intermoleculares.

El vapor de agua se desplaza de un lugar a otro de diferentes maneras:

- **El vapor de agua en el aire va a donde va el aire.** Este es, sin duda, el mecanismo de transporte del vapor de agua más rápido y más grande. Todo el aire, ya sea dentro o fuera de la edificación, está moviéndose constantemente de áreas de alta presiona a áreas de baja presión. Si aire seco del exterior es forzado dentro de la edificación, va a deshumidificar el aire interior. Si aire húmedo del exterior es forzado hacia adentro, contribuirá a la carga de humedad que debe ser removida por el sistema mecánico.
- **El vapor de agua se desplaza a través de materiales por difusión.** El agua en estado líquido puede no estar presente y puede parecer que nada esta mojado, pero el vapor de agua puede aun así desplazarse lentamente a través de lo que parecen ser materiales sólidos. Las moléculas del vapor lentamente encontrarán su camino empujándose entre los espacios de las moléculas del material. Las moléculas se mueven de un área de mayor concentración de vapor de agua a un área de menor concentración de vapor de agua.

Entre más poroso es un material, es más fácil para la difusión del vapor de agua a través de éste. La velocidad a la que el vapor de agua se disemina a través de un material es medido en "perms." Perms más elevados significan una mayor velocidad de flujo del vapor de agua.

El agua cambia de estado líquido a gaseoso (evaporación) y de estado gaseoso a liquido (condensación).

- **El agua se evapora de su estado líquido en superficies, convirtiéndose en vapor de agua.** La mayoría del vapor de agua que se origina dentro de edificaciones es el resultado de la evaporación de contenedores abiertos, atomizadores o materiales porosos con exceso de humedad. Duchas, fuentes, piscinas, lavabos, ollas en estufas, lavadoras de vajilla y agua de limpieza en pisos son todas fuentes de humedad interior, así como los mismos ocupantes de la edificación. La gente, las plantas y animales desprenden vapor de agua. En espacios típicos de oficinas, los ocupantes son posiblemente la fuente principal de vapor de agua. Los materiales mojados como el concreto mojado o tierra expuesta en espacios angostos o sótanos son también fuentes de humedad interior. El índice de evaporación depende de muchos factores incluyendo la temperatura del agua y la humedad relativa del aire. Entre más caliente este el agua, más seco está el aire cerca de la superficie mojada. Entre más rápido pase el aire sobre la superficie mojada, y entre más grande sea la superficie expuesta, más elevado es el índice de evaporación. Se necesita más energía para evaporar agua de materiales porosos que de materiales impermeables porque las moléculas de agua están unidas más firmemente por fuerzas capilares y es difícil secarlas al aire, soplando aire de ventilación a través de muchos materiales de construcción porosos.
- **El vapor de agua se condensa en una superficie, haciéndose líquido.** Si las temperaturas de la superficie son más bajas que el punto de condensación del aire cercano a ellas, las moléculas de agua en el aire alrededor se condensarán en las superficies frías. La condensación en tuberías de agua frías, ductos de aire acondicionado y plataformas de techos fríos, justo como una bebida fría "suda" en el aire húmedo del verano.
- **El vapor de agua se adsorbe en superficies.** El agua en forma de gas se desplaza libremente. El agua adsorbida en una superficie sólida es mucho menos libre de desplazarse que el vapor de aire. En este estado, se necesita más energía para liberar el agua que cuando está en estado líquido o en forma de gas. Las moléculas de agua adheridas a una superficie sólida están menos disponibles para actividades químicas o biológicas que en estado líquido.

Capítulo 2: El Diseño para el Control de la Humedad

Introducción

Los participantes más comunes en este proceso del diseño de una edificación son arquitectos, ingenieros, arquitectos paisajistas y los clientes. El equipo diseñador también puede incluir a:

- **El propietario de la edificación,** Si la edificación está siendo diseñada y construida para una persona o entidad específicas. El propietario pueda ayudar a identificar cómo y por quién va a ser usada la edificación.
- **Los futuros ocupantes de la edificación,** Si estos son conocidos en el momento que la edificación está siendo diseñada. Ellos pueden ayudar a establecer los objetivos para la durabilidad, mantenibilidad y protección contra la humedad.
- **Personal de la edificación y del sitio que representan al propietario,** y quienes pueden proveer años de experiencia de operación y mantenimiento (O&M) de la edificación.
- **El contratista que construirá la edificación,** si el contratista ha sido seleccionado cuando el diseño comienza.[14] Contratistas y subcontratistas con experiencia pueden aportar con las realidades del manejo de humedad durante la construcción al diseño de la edificación.

Cuando hay escasez inmobiliaria de venta o renta, las edificaciones a menudo se diseñan bajo especulación. En esos casos, los ocupantes, programas y procesos que eventualmente residirán en las edificaciones, son conocidos solo en términos generales. Por ejemplo, cuando se planea un edificio de oficinas, el equipo diseñador puede asumir que los ocupantes serán típicos empleados de oficina y que la edificación no recibirá agua en estado líquido o humedad de fuentes especiales. Sin embargo, el diseño resultante no tendrá el beneficio de recibir la información del propietario, los reales ocupantes o el personal a cargo del edificio y del sitio que tendrá que hacer funcionar la edificación a través de los años.

Diseño de Controles de Humedad Eficientes

Proveer un buen control de la humedad en diseño de una edificación es en gran parte la responsabilidad del equipo de diseño. Las terceras partes que proveen manejo de la edificación o servicios de comisionamiento pueden jugar un papel importante en el diseño e implementación de controles de la humedad. Un proveedor de servicios de manejo de construcción puede participar en el manejo del proyecto a diferentes niveles desde el inicio, el diseño y construcción hasta la entrega y la ocupación. El objetivo del manejo de la construcción es comúnmente llevar el programa, costos y calidad a satisfacción del propietario, pero si un gerente de construcción es parte del equipo de diseño, es crucial que el gerente asuma la responsabilidad de implementar los objetivos del equipo en el control de la humedad.

Comisionamiento de la Edificación

Los sistemas de HVAC han sido comisionados por muchos años para pruebas, ajustes y balances (TAB). Sin embargo, el comisionamiento de edificaciones completas es una innovación relativamente reciente en la construcción. En 1996, ASHRAE publicó la guía *The HVAC Commissioning Process Guideline 1-1996 [Guía de Procesos para Comisionamiento]* la cual extendió el alcance de TAB tradicionales para incluir pruebas de punto a punto de controles digitales y pruebas de desempeño funcional para evaluar el desempeño de sistemas eléctricos y mecánicos que funcionan en conjunto. Desde entonces este proceso ha sido extendido a sistemas eléctricos, sistemas potables, hidrosanitarios y de irrigación; sistemas de generación eléctrica y de cogeneración; el cerramiento de la edificación; los aspectos sustentables del proyecto; y al proceso de diseño de la edificación completo en sí mismo.

---

[14] Ya sea que el contratista este incorporado o no durante el proceso del diseño, el contratista tendrá el importante papel de clarificar las intenciones del equipo diseñador en relación al control de la humedad, las medidas planeadas para el control del agua durante la construcción, y de preparar planes de respuesta para eventos accidentales con el agua que ocurran durante la construcción. Este papel se explora en detalle en el Capítulo 3.

En 2005, la Administración de Servicios Generales de los Estados Unidos (GSA) [U.S. General Services Administration] publicó *The Building Commissioning Guide [Guía de Comisionamiento para Edificaciones].* La guía provee un proceso para incluir el comisionamiento en las fases de planeación, diseño, construcción, y post-construcción de un proyecto. Una tabla en la guía resume las actividades de comisionamiento y recomienda que el agente de comisionamiento revise la integridad térmica y de control de la humedad del cerramiento y el control del vapor de humedad en el diseño, entre otras cosas. Un proceso general para el comisionamiento de una edificación se presenta en la *ASHRAE Guideline 0: The Commissioning Process [Guía ASHRAE 0: El Proceso de Comisionamiento]*—que es la guía de comisionamiento aceptada por la industria. El National Institute of Building Science (NIBS) publicó la *Guideline 3-2006: Exterior Enclosure Technical Requirements for the Commissioning Process [Guía 3-2006: Requerimientos Técnicos para el Proceso de Comisionamiento del Exterior del Cerramiento]* el cual presenta un proceso para el comisionamiento de cerramientos de edificaciones y contiene muchos anexos para ilustrar los pasos de este proceso. En 2012, ASTM publicó *E2813-12, Standard Practice for Building Enclosure Commissioning [Práctica Estándar para el Comisionamiento* de Cerramientos de Edificaciones].* Esta práctica estándar sigue los procedimientos de la Guía 3 e incluye pruebas funcionales requeridas para comisionamiento fundamental y avanzado.

*N. de T. "Comisionamiento" ha sido ampliamente aceptado como término de uso posterior a la publicación de este documento por ASHRAE.

Quién Debe Leer este Capítulo

Este capítulo es para los miembros del equipo de diseño que producen el diseño, la oferta de servicio, y los documentos de construcción. Incluye una lista de elementos de diseño que protegerán una edificación de problemas relacionados con la humedad. El equipo de diseño debe entender los problemas que causa el agua en las edificaciones y las dinámicas de las fuentes de humedad, desplazamiento de la humedad y el control de la humedad. Estos conocimientos se deben reflejar en los documentos de diseño, los planos de la edificación y las especificaciones.

El buen diseño es un prerrequisito para una edificación que resista los problemas de la humedad; sin embargo, un buen diseño por sí mismo no es suficiente. El diseño debe ser implementado correctamente durante la construcción y mantenido durante la operación de la edificación por el propietario o el administrador. Para eso, el equipo de diseño en cooperación con el propietario, el contratista y terceras partes debe:

- Documentar los objetivos generales del control de la humedad.
- Planear los controles del agua y las repuestas a eventos de agua para ser implementados durante la construcción.
- Identificar inspecciones, pruebas, comisionamiento y actividades que aseguran la calidad para garantizar que las medidas de control de la humedad previstas son implementadas como fueron diseñadas.
- Establecer los requerimientos de y la responsabilidad para proveer, revisar y aceptar envíos, planos de ejecución, sustituciones propuestas e inspecciones programadas.
- Documentar los procedimientos de Operación y Mantenimiento (O&M) requeridas para mantener las medidas de control de la humedad previstas funcionando a través de la vida de la edificación.

Este capítulo tiene seis subsecciones:

1. Drenaje del sitio.
2. Fundaciones.
3. Muros.
4. Ensamblajes de techos y cielorrasos.
5. Sistemas hidrosanitarios.
6. Sistemas de HVAC.

Cada subsección trata las técnicas para proveer protección contra problemas de humedad y especifica:

- El problema que se está tratando.
- Los objetivos de control de la humedad para el problema.
- Guía para implementar técnicas que logren cada uno de los objetivos de control de la humedad.
- Maneras de verificar que las técnicas de control de la humedad hayan sido incluidas en el diseño de la edificación y que han sido propiamente instaladas y construidas.

Drenaje del Sitio

Problema

Agua de la lluvia, deshielos y sistemas de riego pueden infiltrarse en una edificación, dañando la estructura y sus contenidos. El diseño apropiado del drenaje del sitio evita daños en la edificación y la necesidad de reparaciones potencialmente costosas.[15]

Objetivo

Diseñar el sitio para que se evite que el agua de la lluvia, de deshielo y de riego de áreas verdes entre en la edificación.

Guías

Guía 1: El diseño del drenaje del sitio crea una condición controlada para ayudar a conducir el agua hacia afuera de la edificación. En la medida posible, el diseño mantiene la relación agua-infiltración al suelo (v.g., la entrada del agua hacia abajo en la superficie del suelo) en el sitio antes que el sitio fuera modificado. Escorrentía (v.g., agua que no se infiltra en el suelo) debe ser manejada por otros métodos de drenaje.

Guía 2: Evitar superficies impermeables innecesarias. Al evitar superficies impermeables grandes o innecesarias—o al usar relativamente permeables materiales de pavimentación—se permitirá que se infiltre más agua, reduciendo así el tamaño y costo de sistemas de manejo de la escorrentía. Al colocar instalaciones en un sitio, se cambian las características de drenaje del sitio incrementando el área impermeable, la que, a su vez, incrementa el volumen de escorrentía que debe ser manejada. Cuando no se pueden evitar grandes expansiones de superficies impermeables como estacionamientos, dividir la expansión en áreas más pequeñas o usar técnicas alternativas de pavimentación permeable puede ayudar a reducir la escorrentía.

Materiales alternativos de pavimentación como pavimentos permeables, sistemas de pavimentos modulares porosos u otras superficies pueden ser usadas para evitar escorrentía.

- Pavimentos porosos son superficies permeables construidas a menudo con un depósito subterráneo de grava que almacena temporalmente escorrentía superficial antes que se infiltre hacia el subsuelo. La pavimentación porosa puede hacerse usando asfalto o concreto. Áreas de tráfico mediano son ideales para la aplicación de pavimentación porosa. La pavimentación porosa puede ser inapropiada para áreas como plataformas de carga de camiones y áreas donde hay una gran cantidad de tráfico comercial.
- Pavimentos porosos modulares son superficies permeables que pueden remplazar asfalto y concreto; pueden ser usados en entradas de autos, estacionamientos y andadores. Pavimentos alternativos pueden remplazar superficies impermeables dando como resultado una menor escorrentía de agua de tormentas.
- Las dos categorías generales de pavimentos alternativos son los adoquines y otras superficies que incluyen grava, empedrados, madera, mantillo, ladrillos y piedra natural.

Guía 3: Use el nivel del suelo para hace más lenta la escorrentía y logra una ritmo de infiltración más balanceado. La topografía ayuda a determinar la cantidad, dirección y velocidad de la escorrentía. En la medida posible, conserve los contornos existentes para que las rutas de drenaje existentes puedan ser mantenidas. El nivel del suelo también se puede usar para corregir problemas de drenaje. Donde pendientes pronunciadas contribuyen a la rapidez de la escorrentía, una re-nivelación con pendientes más moderadas puede reducir la velocidad de la escorrentía.

[15] Este documento no se refiere a aguas de inundación proveniente de ríos, lagos, el mar o de otros eventos climáticos extremos.

Figura 2-1 Procedimientos de drenaje positivos

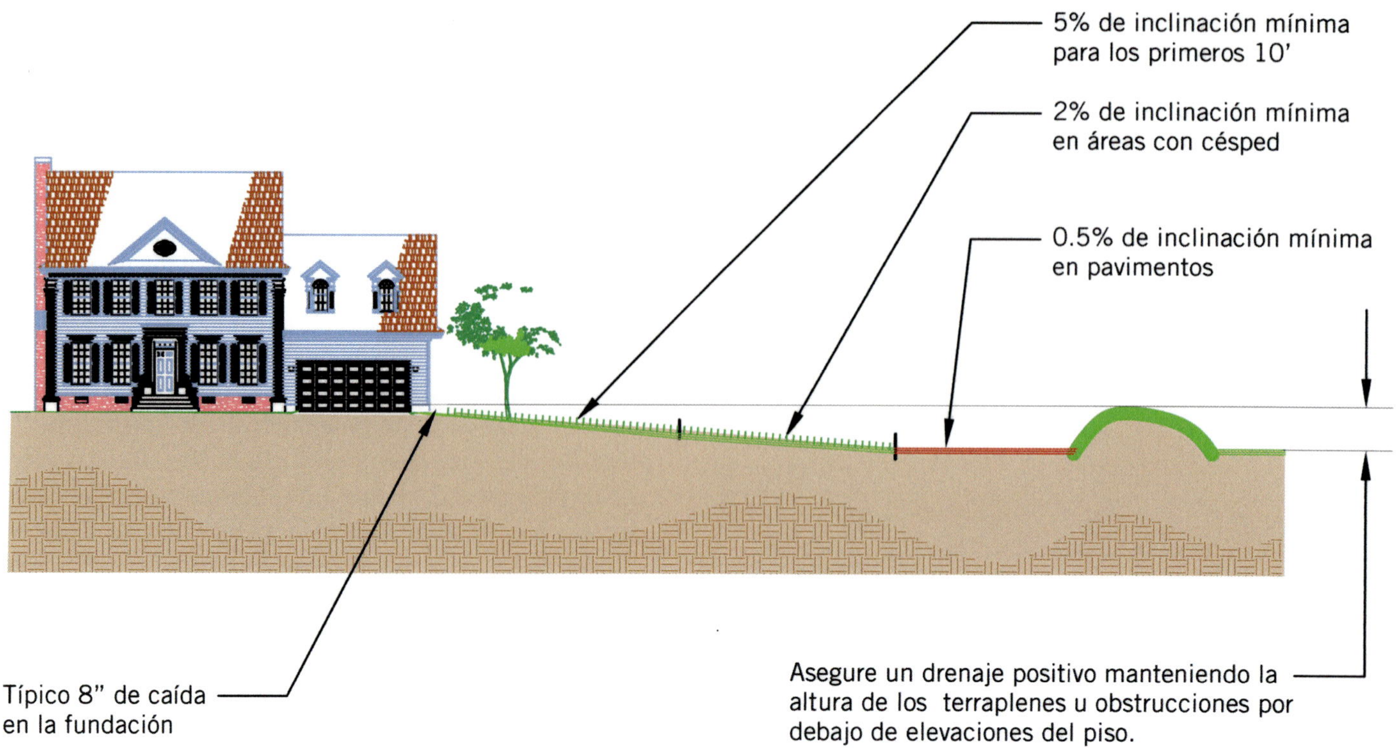

Guía 4: Asegure que se cumplan procedimientos positivos de drenaje del sitio, incluyendo:

- Asegurarse que el agua es desviada lejos de la edificación.
- Asegurar que no se deje que el agua se estanque accidentalmente en áreas de bajo nivel.
- Asegurarse que los pisos terminados estén suficientemente altos para que el agua no regrese hacia adentro de la edificación si los sistemas están bloqueados.

La Figura 2-1 muestra procedimientos de drenaje positivos.

Guía 5: Cuando la escorrentía debe ser controlada y redirigida hacia afuera de la edificación, identifique y diseñe estrategias de manejo de escorrentía apropiadas para las características del sito. Posibles estrategias que pueden usarse incluyen:

- Métodos de control de la infiltración como montículos vegetados o zanjas de infiltración.
    - Un vado vegetado (v.g., un canal con césped, vado seco, vado húmedo, bio-filtro o bio-vado) es una práctica de manejo de canal abierto vegetado diseñado específicamente para tratar y disminuir la escorrentía a una calidad y volumen específicos del agua. Al fluir el agua a lo largo de estos canales, la vegetación hace más lenta para permitir la sedimentación; el agua se filtra a través de una matriz del subsuelo o se infiltra en los suelos por debajo o ambos.
    - Una zanja de infiltración (v.g., galería de infiltración) es una zanja rellena con rocas que sin salida que recibe la escorrentía. La escorrentía pasa a través de alguna combinación de medidas de pretratamiento, como un montículo vegetado y cuenca de retención, y de allí a la zanja. La escorrentía es almacenada en los espacios entre las rocas dentro de la zanja y de allí se infiltra desde el fondo de la zanja hacia el suelo. El principal mecanismo de remoción de contaminantes de esta práctica es la filtración a través del suelo.
- Métodos de control de retención o detención como estanques de retención secos o con agua.
    - Estanques de retención—estanques de agua de tormentas, estanques de retención con agua y estanques de retención con agua extendidos—son cuencas construidas que contienen un estancamiento de agua permanente durante todo el año o al menos durante la temporada de

aguas. Los estanques tratan la escorrentía que entra permitiendo que las partículas se asienten y que las algas tomen nutrientes. El primer mecanismo de remoción es el asentamiento, que ocurre cuando la escorrentía se queda en el estanque. La toma de contaminantes, particularmente de nutrientes, ocurre mediante actividad biológica. Tradicionalmente, los estanques de retención han sido ampliamente usados como el mejor manejo de agua de tormentas.

- Estanques de retención secos—estanques, secos, cuencas de retención extendidas, estanques de retención y estanques de retención extendidos—detienen la escorrentía por un mínimo de tiempo para permitir que las partículas y contaminantes contenidos se depositen. A diferencia de los estanques de retención, estas instalaciones no tienen un manto de agua permanente; sin embargo, a menudo están diseñados con charcos pequeños a la entrada y salida de la cuenca. Los estanques de retención secos también pueden contribuir al control de inundaciones proveyendo almacenamiento de agua de inundación.

Para información detallada incluyendo aplicabilidad, criterios de diseño, limitaciones y requerimientos de mantenimiento de estos y muchos otros métodos de desagüe, visite el sitio de la EPA en el internet sobre el manejo de agua de tormentas.[16]

Guía 6: Los sistemas de irrigación de áreas verdes deben estar diseñados para que no mojen la edificación o remojen el piso cercano a la fundación. Considere emplear a un diseñador de irrigación calificado o a un consultor de irrigación para diseñar el sistema, teniendo en cuenta estas consideraciones:

- Las cabezas de los aspersores y las cabezas de rotores lanzan el agua al aire. Al momento de diseñar los sistemas de riego se deben considerar las condiciones de viento. El viento puede llegar a acarrear el agua volando más allá del área planeada para riego, y los aspersores pueden alcanzar a mojar la edificación o el suelo alrededor de la fundación.
- Riego por goteo es una aplicación lenta y uniforme del agua mediante tubería de plástico que lleva el agua directamente a las plantas. Los sistemas de riego por goteo usan menos agua que los sistemas de aspersión; sin embargo estos aún pueden remojar el suelo alrededor de la fundación y causar problemas de humedad en una edificación.
- Todos los sistemas de irrigación, sin importar que tipo, deben estar propiamente controlados y monitoreados. Se deben instalar temporizadores para asegurar que el sistema se apaga. Se deben instalar medidores de flujo de agua para medir el volumen de agua que pasa por el sistema. Los medidores que se supervisan regularmente pueden ser una fuente de información sobre el uso excesivo del agua ocasionado por problemas del temporizador o fugas en el sistema. Considere instalar dispositivos como tensiómetros o bloques de medición de humedad del suelo.

Guía 7: Asegure que el agua que drena de una edificación o de un sitio no interfiera en el drenaje normal de una edificación o sitio adyacente. Esto puede pasar cuando una edificación es construida cerca de una edificación existente y vierte agua de drenajes (p. ej., de techos, superficial, etc.) sobre o en a la edificación existente, sobrepasando su capacidad de drenaje.

Guía 8: Considere prácticas de construcción sustentable que minimizan la necesidad de irrigación o que capturan agua de lluvia para riego.

- Seleccione árboles, arbustos, plantas de recubrimiento del suelo y otros elementos para áreas verdes basándose en su habilidad de crecer con poca agua o sin agua adicional. Estas plantas minimizarán el uso de agua para irrigación.
- Investigue las posibilidades de captura, desvío y almacenaje de agua de lluvia para irrigar áreas verdes, para consumo humano, y para otros usos. Esta estrategia puede ser usada en todos los climas. Para más información, consulte la referencia del Texas Water Development Board (Junta para el Desarrollo del Agua de Texas) *The Texas Manual on Rainwater Harvesting [Manual de Texas para la Recolección de Agua de Lluvia]*.

Guía 9: Desarrolle un plan de manejo del agua de tormentas en la fase de construcción. El plan debe contener como mínimo:

- Métodos para minimizar el potencial de escorrentía de agua de tormentas durante la construcción.
- Métodos para drenar el agua de tormentas del sitio y alejado de la estructura durante la construcción.
- Métodos para evitar que se mojen los materiales de construcción.

---

[16] USEPA (United States Environmental Protection Agency). 2013. "National Menu of Best Management Practices (BMPs) for Stormwater." National Pollutant Discharge Elimination System, EPA. Consultado el 6 de Noviembre de 2013. www.epa.gov/npdes/national-menu-best-management-practices-bmps-stormwater#edu.

- Métodos para mantener seca la edificación o sus partes durante la construcción.[17]
- Reglas y métodos para el secado de materiales y de la edificación si llegan a mojarse.
- Tareas de supervisión y responsabilidades del plan de manejo del agua de tormentas en la fase de construcción.

Para información detallada en el manejo del agua de tormentas en la fase de construcción, visite el sitio internet de la EPA de mejores prácticas de manejo del agua de tormentas.[18]

Guía 10: Desarrolle guías que cubran las operaciones y mantenimiento del sistema de manejo de agua de tormentas. Las guías deberán incluir:

- La teoría de operación de sistemas de manejo de agua de tormentas.
- Procedimientos de inspección.
- Requerimientos y procedimientos de mantenimiento.

Para información detallada en manejo de agua de tormentas posterior a la construcción, visite el sitio internet de la EPA de mejores prácticas de manejo del agua de tormentas.[19]

Verificación del Drenaje del Sitio

- Si el agua de tormentas va a ser llevada desde el sitio hasta un sistema municipal de alcantarillado para tormenta separado (MS4), obtenga una lista de requerimientos del operador de MS4 para la municipalidad. Proporcione la lista al encargado de obra antes que inicie la construcción.
- Provea al encargado de obra la lista de detalles críticos de la fase de construcción y el programa de inspecciones del sistema de drenaje del sitio, identificando la secuencia de las inspecciones, las partes responsables para las inspecciones, y la documentación requerida de los resultados de la inspección.
- Provea al encargado de obra y al propietario de la edificación una lista de inspecciones posteriores a la construcción y requisitos de mantenimiento para los sistemas de drenaje del sitio.

[17] Para algunos proyectos a gran escala, el trabajo en interiores debe iniciar antes que los pisos superiores hayan sido completados. Medidas especiales de control de agua de lluvia son necesarias para proteger los pisos inferiores. Ver la fase de construcción en el Capítulo 3 para más detalles.

[18] USEPA (United States Environmental Protection Agency). 2013. "National Menu of Best Management Practices (BMPs) for Stormwater." National Pollutant Discharge Elimination System, EPA. Consultado el 6 de Noviembre de 2013. www.epa.gov/npdes/national-menu-best-management-practices-bmps-stormwater#edu.

[19] USEPA (United States Environmental Protection Agency). 2013. "National Menu of Best Management Practices (BMPs) for Stormwater." National Pollutant Discharge Elimination System, EPA. Consultado el 6 de Noviembre de 2013. www.epa.gov/npdes/national-menu-best-management-practices-bmps-stormwater#edu.

Fundaciones

Problema

Las fundaciones de la edificación son vulnerables a problemas de humedad por un varias razones, que incluyen:

- El agua de proveniente de la lluvia y de fugas en la tubería tiende a irse a las fundaciones por efecto de la gravedad, las cuales están expuestas al agua superficial, suelo remojado por la lluvia y, posiblemente, niveles freáticos altos.
- El agua puede condensarse en los materiales de la fundación durante climas cálidos porque estos materiales están más fríos que el aire exterior.
- Los espacios angostos por debajo del piso y los sótanos son huecos en el suelo y tienen más contacto extensivo con el suelo que las losas de fundación sobre el nivel del suelo.
- Muchos problemas de humedad pueden ser evitados diseñando apropiadamente la fundación. Los problemas de humedad asociados con fundaciones diseñadas inapropiadamente pueden ser difícil de identificar y caro de reparar; pueden crear un potencial de problemas de salud que resultan del crecimiento del moho, y pueden ser una responsabilidad para los propietarios de la edificación.

Objetivos

Diseño de la fundación – Objetivo 1: Diseñe la fundación para prevenir incursiones de agua de lluvia o agua subterránea.

Diseño de la fundación – Objetivo 2: Evite la condensación en las fundaciones de losa sobre el nivel del suelo, en espacios angostos debajo del piso y en fundaciones de sótanos.

Guía

Diseño de la fundación – Objetivo 1: Diseñe la fundación para evitar incursiones de agua de lluvia o agua subterránea.

Guía 1: Planee la pendiente de alrededor para que desvíe el agua alejándola del edificio. Esta guía se usa para fundaciones de losa sobre el nivel del suelo, espacios angostos debajo del piso y sótanos.

- Especifique un 5 por ciento—6 pulgadas por 10 pies—de pendiente del nivel del suelo acabado en dirección opuesta a la fundación para controlar el flujo superficial del agua, o cumpla con requerimientos más estrictos del código de edificación local. Generalmente es aceptable aplicar esta pendiente a una distancia de 6 a 10 pies desde la fundación.
- Reduzca la infiltración del agua en la tierra alrededor de la edificación usando una barrera en, o apenas por debajo de la superficie (p. ej., una capa de tierra de barro limoso o una membrana subsuperficial de drenaje de áreas verdes). Se debe tener tomar los cuidados necesarios para evitar que las raíces de las plantas en esta zona penetren la barrera.
- Diseñe la fundación y el nivel del suelo alrededor para que haya un mínimo de 8 pulgadas de fundación expuesta después de la nivelación final el suelo.

Guía 2: Diseñe el drenaje por debajo del nivel del suelo para desviar el agua alejándola de la fundación y especifique las barreras capilares para evitar que el agua se absorba a través de la fundación y alcance materiales sensibles a la humedad (p. ej., el entramado de madera y paneles de yeso con revestimiento de papel).

Control del Agua en Estado Líquido en Losas Sobre el Nivel del Suelo (Ver Figura 2-2)

No se requiere drenaje del perímetro por debajo del nivel del suelo en losas de fundación cuando el nivel del suelo terminado tiene una pendiente como se especifica en la Guia 1, la losa esta elevada al menos 8 pulgadas sobre el nivel del suelo terminado, y el diseño incluye las barreras capilares adecuadas. Agregue una barrera capilar entre:

Figura 2-2 Ejemplo de Control de Aguas Subterráneas para Losas de Fundación

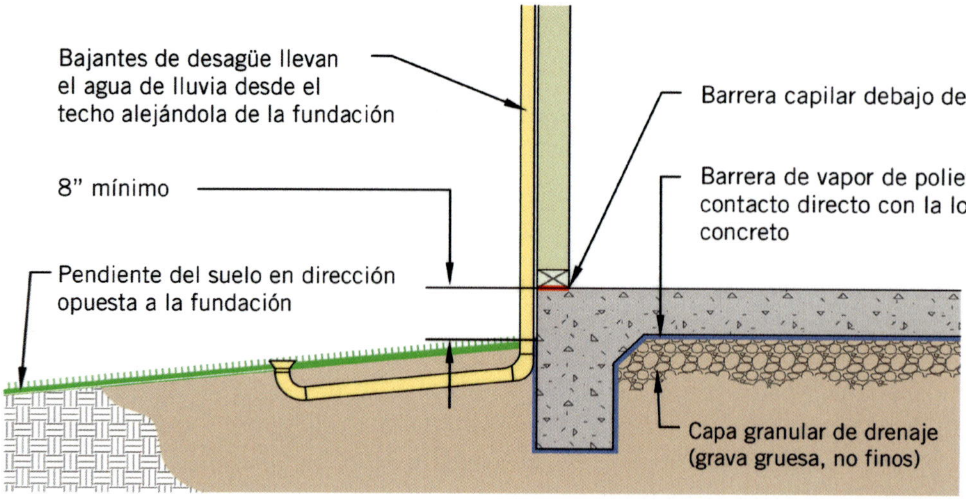

- Mantiene el agua alejada del perímetro de la fundación
- No poner capas de arena sobre la barrera de vapor de polietileno bajo la losa de concreto
- Cuando se instalen pisos de vinilo sobre losa, una relación agua-cemento (a/c) baja (= 0.45 o menor) es recomendada para reducir el contenido de agua en el concreto; alternativamente, se debe permitir que la losa se seque (menos de 0.3 gramos/24h./pies cuadrados) previo a la instalación del piso

- La fundación y el muro por encima del nivel del suelo (p. ej., una capa de sellador de alfeizar de espuma de polietileno, tapajuntas de metal o de hule, o una hilera de mampostería impermeable entre la fundación de concreto y los muros entramados de madera o acero o de concreto o muros de mampostería).
- La tierra y la losa de piso (p. ej., una capa de agregados gruesos sin finos, una membrana de plástico o de hule, o una capa de aislamiento de espuma de plástico colocada debajo de la losa). NOTA: mientras que la grava gruesa proveerá una barrera capilar, una barrera de vapor directamente por debajo de la losa es requerida para controlar el desplazamiento del vapor de agua.
- La tierra y la parte por debajo del nivel del suelo de la zapata de muro perimetral o del borde engrosado de la losa (p. ej., capa impermeable o membrana a prueba de agua colocada en el borde engrosado de la losa o de la zapata de muro)

Si hay una junta entre el perímetro de bordo de la losa y el sobrecimiento, una barrera capilar puede ser necesaria entre el bordo de la losa y el muro perimetral para evitar que el agua se absorba del muro perimetral a la losa.

Si el techo está inclinado hacia aleros sin canalones, proteja la parte más baja de la porción sobre el nivel del suelo del muro contra la salpicadura de lluvia (p. ej., eleve el muro de fundación y la losa).

Control del Agua en Estado Líquido en Sótanos y Espacios Angostos (Ver Figuras 2-3 y 2-4)

- Diseñe el sótano o el espacio angosto debajo del piso para que el nivel del piso interior esté por encima del nivel de inundación de 100 años y del nivel freático local.
- Especifique una cortina de material de drenaje libre (p. ej., arena y grava, agregados gruesos sin finos, o un tapete de drenaje sintético) alrededor de la parte de afuera de la fundación entre la tierra sin excavar y el muro del sótano.
- Especifique un sistema de colección y eliminación de drenaje que este ubicado por debajo de la parte superior de la zapata o la parte inferior de la losa de piso (p. ej., tubería de zapata perforada exterior envuelta de agregados gruesos sin finos y lámina geotextil, drenando a una opción preferente de eliminación como un desagüe al aire libre o bomba de sumidero).

- Localice la parte de arriba del tubo en, o por debajo de, la losa terminada sin importar la ubicación del tubo en relación a la zapata.
- Especifique la lámina geotextil para evitar que los finos del suelo obstruyan la cortina de drenaje y el sistema de drenaje de la zapata.
- Incorpore una barrera capilar entre:
  - La parte superior del muro de fundación y el sistema de entramado del primer piso (p. ej., una capa de sellador de alféizar de poliestireno, tapajuntas de metal o de hule, o una base de protección contra la humedad excesiva entre la fundación de concreto y la estructura del piso de madera, acero o concreto).
  - La tierra y la losa de piso del sótano (p. ej., una capa de agregados gruesos sin finos, una membrana de plástico o de hule, o una capa de aislamiento de espuma de estireno colocada debajo de la losa).
  - El relleno del perímetro de drenaje libre y la parte del muro de sótano por debajo del nivel del suelo (p. ej., capa impermeable o membrana a prueba de agua colocada en parte exterior del muro de sótano).

    NOTA: Una membrana elastómera o de plástico puede usarse en lugar de una losa de concreto para formar una barrera capilar y prevenir la evaporación del suelo hacia el espacio angosto. Una losa de concreto tiene la ventaja de ser más durable y de bloquear la entrada de roedores excavando. Las membranas son menos caras y más fáciles de instalar.

- Diseñe un barrera capilar entre la parte de arriba de las bases y muros de fundación (p. ej., recubrimientos pintados).
- Especifique un desagüe en el piso de la fundación que lleve a un sitio aprobado de eliminación.
- Incluya en el plan:
  - Supuestos de precipitación pluvial o deshielo máximos.
  - Áreas de drenaje superficial incluyendo formas, pendientes, superestructuras u otras obstrucciones.
  - Flujos estimados de agua.
  - La ubicación y capacidades de todas las instalaciones por debajo del nivel del suelo (p. ej., líneas de desagüe, lugares de descarga, registros, pozos de acceso).

Diseño de la Fundación, Objetivo 2: Evite la condensación en fundaciones de losa al nivel del suelo, en espacios angostos bajo el piso o en fundaciones de sótanos.

Condensación en losa al nivel del suelo

Aísle fundaciones de losa al nivel del suelo (p. ej., instale paneles de espuma de estireno extruido debajo de la losa) para evitar que el piso sude durante climas cálidos y húmedos.

- Provea aislamiento en contacto con el perímetro y por debajo de la losa para cumplir con el Código Internacional de Conservación de Energía.
- Provea una capa de retardador de vapor directamente por debajo de la losa de piso de concreto para evitar que se infiltre el vapor de agua en el sistema de piso. Los retardadores de vapor deben cumplir con los requerimientos de la especificación *ASTM E1745*, Clase A, B o C.

Control de Condensación en Sótanos (Ver Figura 2-3)

- Especificar el aislamiento para los muros de sótanos por encima y por debajo del nivel del suelo para cumplir con los requerimientos *de Estándar 90.1* de ASHRAE. NOTA: No aísle los cielorrasos del sótano si los muros del sótano están aislados.
- Provea una capa de retardador de vapor directamente por debajo de la losa de piso de concreto para evitar que se infiltre el vapor de agua a través del sistema de piso. Los retardadores de vapor deben cumplir con los requerimientos de la especificación *ASTM E1745*, Clase A, B o C.
- Los equipos mecánicos pueden ser colocados en sótanos que tienen muros aislados. Especifique los detalles de sellado contra fugas de aire para proveer una barrera de aire continua desde el muro por sobre el nivel del suelo bajando hasta el muro de fundación y terminando en el centro del piso del sótano. Use la aprueba del bolígrafo (Ver Apéndice A) para trazar la continuidad de la barrera de aire. NOTA: La barrera de aire para la fundación es una parte del sistema completo de barrera de aire de la edificación.
- Especifique el índice de fugas de aire de la edificación completa cuando se pruebe a una presión de 75 Pascales de diferencia de acuerdo con *ASTM E779-10 Standard Test*

Figura 2-3 Ejemplo de Fundación de Sótanos Mostrando Solamente la Protección contra el Desagüe y la Humedad Excesiva

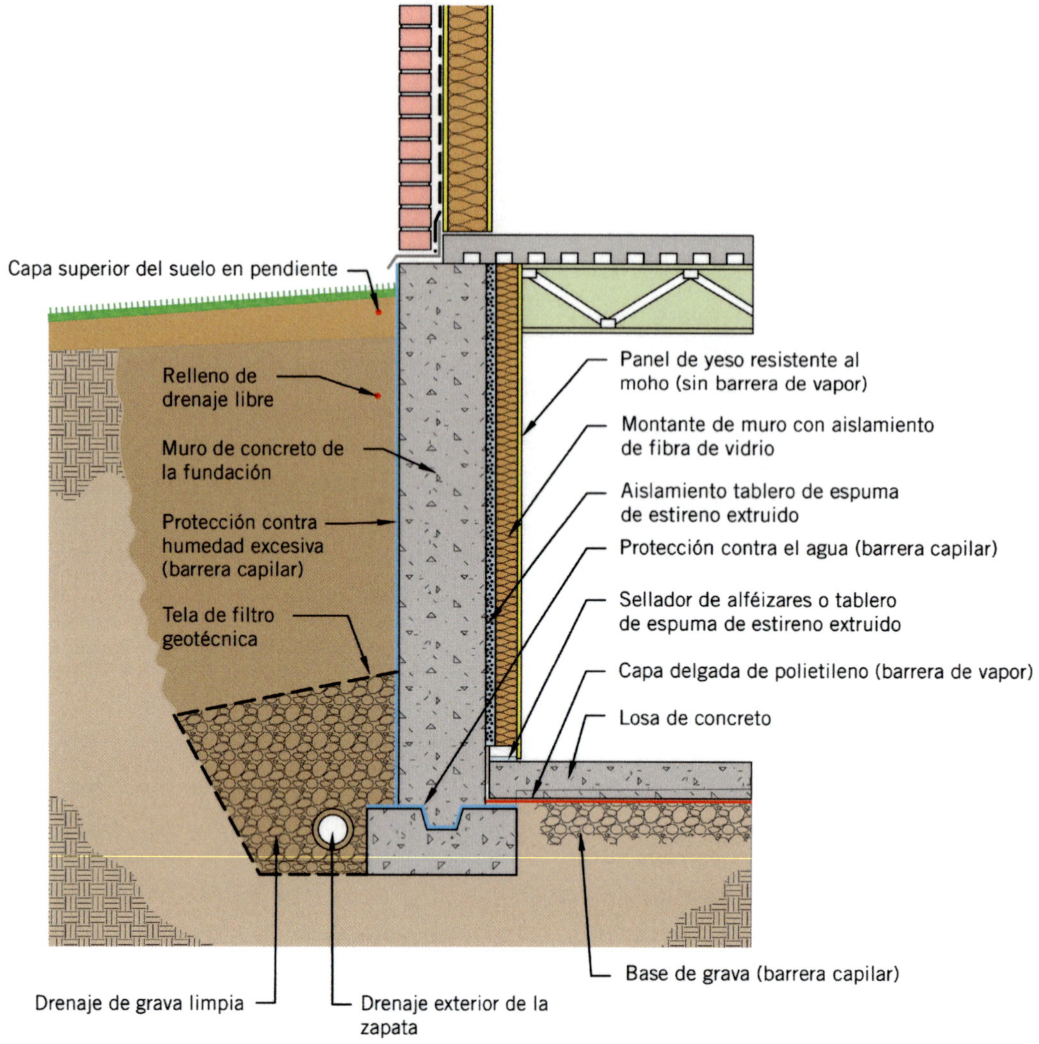

Pressurization [Métodos de Prueba Estandarizados para Determinar el Índice de Fugas de Aire por Presurización de Ventiladores] o la norma *ASTM E1827-11, Standard Test Methods for Determining Airtightness of Buildings Using an Orifice Blower Door [Método de Prueba Estandarizados para Determinar la Hermeticidad de las Edificaciones Usando una Puerta Soplante]*. Por ejemplo, el U.S. Army Corps of Engineers, requiere un índice máximo de fugas de aire de 0.25 pies cúbicos por minuto por pie cuadrado de la superficie entera de la barrera del aire a una diferencia de 75 Pascales de presión.

- Cuando se aísle el exterior de los muros de fundación:
  - Especifique los materiales aislantes que pueden tolerar el contacto con la tierra. Estireno extruido y paneles de espuma de estireno expandido, aislamiento de espuma de poliuretano de célula cerrada aplicada por pulverización, y paneles de drenaje de lana mineral o de fibra de vidrio han sido usados exitosamente para aislar superficies de muros de fundación.
  - Extienda el aislamiento desde la parte superior de la zapata a la parte superior del bajo piso.
  - Especifique la cubierta protectora para las partes sobre el nivel del suelo del aislamiento exterior (p. ej., estuco en listones de acero inoxidable).
- Cuando se aísle el interior de los muros de fundación:
  - Especifique una capa de panel de espuma o aislamiento de espuma de poliuretano de célula cerrada aplicada por pulverización colocado en el lado interior del muro del sótano para mantener el aire caliente y húmedo lejos de la fundación fría.

Figura 2-4 Componentes de un Espacio Angosto de Fundación sin Ventilar

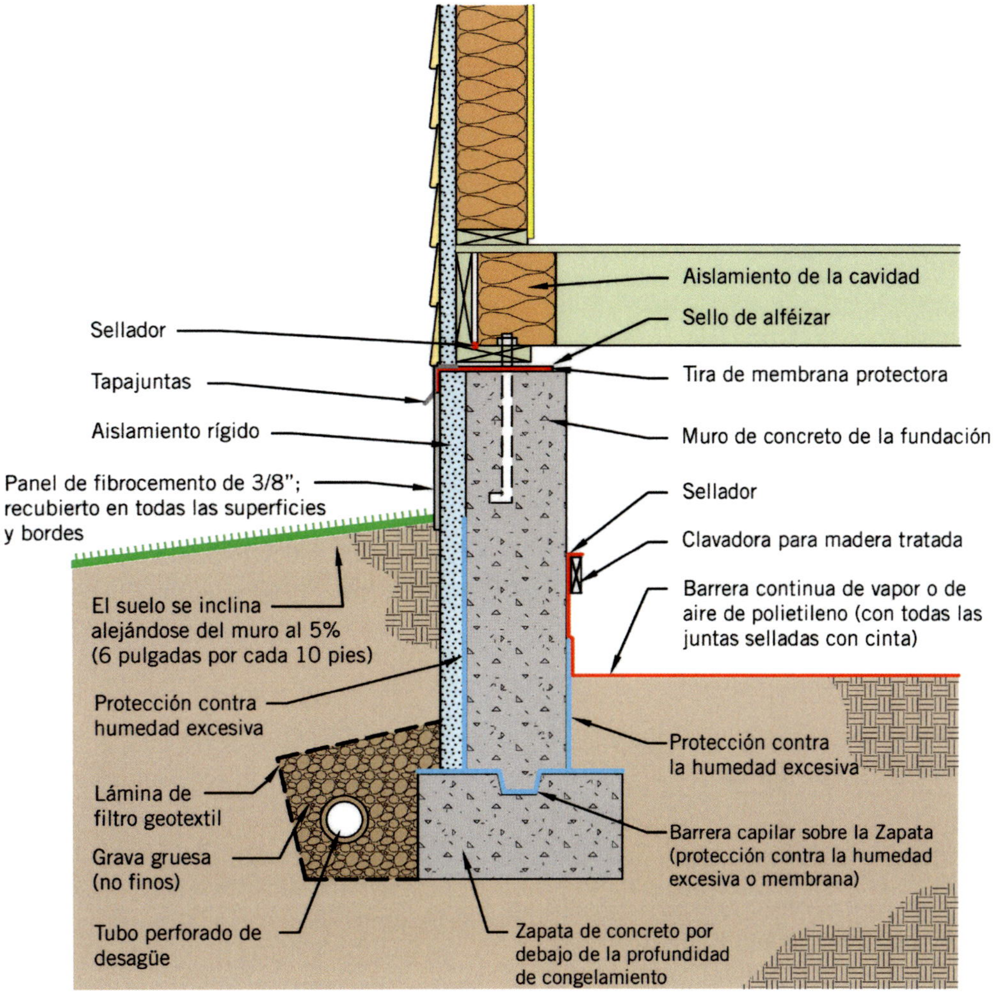

Fuente: Building Science Corporation. 2004. Conditioned Crawlspace Performance, Construction and Codes. Consultado el 6 de Noviembre del 2013. www.buildingscience.com/documents/bareports/ba-0401-conditioned-crawlspace-construction-performance-and-codes.

- Especificar un valor de aislamiento para la capa de espuma suficientemente alto para cumplir con los requerimientos de *Estándar de 90.1* de ASHRAE o especifique una combinación de aislamiento de espuma y, en el muro de fundación, aislamiento en la cavidad del muro tolerante a la humedad (p. ej., lana mineral o de fibra de vidrio). La combinación del aislamiento de espuma y de fibra de vidrio cumple con el Valor de R requerido, previene la condensación y permite al ensamblaje secarse en el interior (ver Figura 2-3).
- Especifique la protección contra el fuego apropiada para el Sistema de aislamiento interior (p. ej., panel de yeso ignífugo clasificado).
- Diseñe el sistema complete para que los materiales de base de madera y papel no toquen el concreto (p. ej., aíslelos con un espaciador, como paneles de espuma de celda cerrada, espuma de poliuretano o espuma de polietileno atomizada, lo cual provee una barrera capilar).
- No use ningún material en el interior de la capa de aislamiento que tenga una clasificación de permeabilidad de menos de dos perms. Pero se pueden usar materiales que tienen un valor más alto de un perm, medido por el método de la taza en seco, y también si tienen una calificación mas alta de dos perms medido por el método de la taza húmeda. Es decir, no use papel tapiz de vinilo impermeable al vapor en muros de sótanos aislados.
- Provea dibujos detallados mostrando como la capa de aislamiento en el interior de la fundación provee continuidad con el aislamiento de los muros del piso superior.

- Use aire acondicionado o deshumidificadores para reducir la humedad del sótano durante las estaciones cálidas y húmedas.

Control de la Condensación del Espacio Angosto debajo del piso

- Los espacios angostos de las fundaciones pueden estar ventilados hacia el exterior o ser herméticamente sellados.
- Las especificaciones para espacios angostos no ventilados son las mismas que para los sótanos con una excepción: una membrana plástica o elastómera puede ser usada en lugar de una losa de concreto para formar una barrera capilar y prevenir la evaporación desde el suelo hacia el espacio angosto. Las losas de concreto son más durables, proveen un piso sólido para que trabaje el contratista, y bloquean la entrada de roedores excavadores; sin embargo las membranas son menos caras y son más fáciles de instalar. Los espacios angostos sellados deben estar ventilados de acuerdo con la Sección 1203.2 del Código Internacional de la Edificación 2012. (Ver Figura 2-4.)
- Para espacios angostos ventilados:
  - Especifique una o más capas de aislamiento en el sistema de pisos entre el espacio angosto y el primer piso para lograr el aislamiento requerido por el *Estándar 90.1* de ASHRAE. NOTA: El equipo mecánico no puede estar ubicado en espacios angostos ventilados. Especifique los detalles de sellado hermético para proveer una barrera de aire continua desde el muro por sobre el nivel del suelo a través del piso entre el espacio angosto y el primer piso. Use la prueba del bolígrafo (Ver Apéndice A) para trazar la continuidad de la barrera de aire. NOTA: La barrera de aire para la fundación es parte del sistema de barrera de aire de la edificación completa.
  - Especifique el índice de fugas de aire de la edificación completa cuando se pruebe a una presión de 75 Pascales de diferencia de acuerdo con la norma *ASTM E779-10, Standard Test Methods for Determining Air Leakage Rate by Fan Pressurization [Método de Prueba Estandarizados para Determinar el Índice de Fugas de Aire por Presurización de Ventiladores]* o la norma de *ASTM E1827-11, Standard Test Methods for Determining Airtightness of Buildings Using an Orifice Blower Door [Método de Prueba Estandarizados para Determinar la Hermeticidad de las Edificaciones Usando una Puerta Soplante]*. Por ejemplo, el U.S. Army Corps of Engineers, requiere un índice máximo de fugas de aire de 0.25 pies cúbicos por minuto por pie cuadrado de la superficie entera de la barrera del aire a una diferencia de 75 Pascales de presión.
  - Una membrana de plástico o elastómera puede ser usada en lugar de una losa de concreto para formar una barrera capilar y prevenir la evaporación desde el suelo hacia el espacio angosto. Las losas de concreto son más durables, proveen un piso sólido para que trabaje el contratista, y bloquean la entrada de roedores excavadores; sin embargo las membranas son menos caras y son más fáciles de instalar.
  - Provea respiraderos con mallas protectoras para cumplir con los requerimientos del Código Internacional de la Edificación para espacios angostos ventilados (Sección 1203.3.1).

Verificación del Diseño de la Fundación

- Escriba una descripción detallando cómo el sistema de fundaciones maneja la lluvia y las aguas superficiales y sub-superficiales. Esta descripción típicamente estará contenida en el documento de las bases del diseño.
- Provea detalles de sistemas de desagüe sub-superficial en los documentos de construcción.
- Use la prueba del bolígrafo (Ver Apéndice A) para verificar los elementos del sistema de desagüe y la continuidad de la barrera capilar desde la intersección de la fundación con los muros del primer piso, alrededor de la zapata del muro de fundación hasta el centro de la fundación.
- Provea planos seccionales bidimensionales donde dos materiales que forman la capa del control del agua de lluvia se unen, y provea planos tridimensionales donde tres o más elementos del sistema de protección contra la lluvia se unen.
- Provea una lista de detalles críticos y un plan de inspecciones de los elementos para drenaje y barrera capilar de la fundación que también identifique la secuencia de las inspecciones, las partes responsables de las inspecciones, y la documentación requerida de los resultados de la inspección.

- Provea una lista de requerimientos de inspección y mantenimiento para el sistema de drenaje de la fundación.
- Escriba una descripción detallando como el sistema de fundación controla el vapor de agua durante los modos de enfriado y calefacción, como aplique. Prepare planos y especificaciones que detallen el control del desplazamiento del vapor y los valores de la permeabilidad y aislamiento de todos los materiales.
- Provea secciones bidimensionales donde se intersectan dos o más materiales que forman la barrera de aire, la capa de aislamiento y el control del vapor de agua. Provea planos tridimensionales donde tres o más elementos de la barrera de aire, la capa de aislamiento y el control del vapor de agua se intersectan.
- Especifique una prueba de presurización por ventiladores en los documentos de especificación del diseño para evaluar el cerramiento completo de la edificación, usando la norma *ASTM E779-10, Standard Test Method for Determining Air Leakage Rate by Fan Pressurization [Método de Prueba Estandarizados para Determinar el Índice de Fugas de Aire por Presurización de Ventiladores]* o la norma de *ASTM E1827-11 Standard Test Methods for Determining Airtightness of Buildings Using an Orifice Blower Door [Método de Prueba Estandarizados para Determinar la Hermeticidad de las Edificaciones Usando una Puerta Soplante].*
  - Especifique cuando se debe conducir la prueba en relación a la terminación del sistema de barrera de aire.
  - Identifique la parte apropiada para realizar la prueba.
  - Especifique como se deben documentar, juzgar y aceptar o rechazar los resultados.
  - Especifique las soluciones si la edificación no pasa las pruebas.
- Especifique los programas de verificación del control de calidad para la instalación de elementos de control higrotérmico del cerramiento. Provea una lista de detalles críticos y un plan de inspecciones para los elementos de la barrera de aire, la capa de aislamiento y el control de valor de agua de la fundación. Especifique la secuencia de inspecciones, las partes responsables de las inspecciones y la documentación requerida de los resultados de la inspección.
- Provea una lista de requerimientos de inspección y mantenimiento para acabados interiores si son críticos en el control del vapor de agua. Por ejemplo, si el control del vapor de agua depende de un acabado interior permeable al vapor, durante las renovaciones se debe evitar recubrimientos de muro de vinilo o pinturas que tienen baja permeabilidad. Fotografías, pizarrones y espejos deben estar separados de los muros para evitar la creación de barreras de vapor.
- Especifique, en la guía de control para los operadores de la edificación, los máximos puntos de condensación permitidos en el interior de sótanos y espacios angostos.

Muros

Problema

El control de la humedad es un aspecto importante del diseño de un cerramiento integrado de la edificación. Las fallas en el diseño apropiado de muros para manejar la humedad y las fallas en la integración de las características de los sistemas de manejo de la humedad con otros componentes del cerramiento de la edificación, como el techo y la fundación, pueden conducir a daños serios relacionados con la humedad. La corrección de problemas que resulten de muros impropiamente diseñados puede hacer necesario el remplazo de múltiples componentes de la edificación que provocarán altos costos de reparación.

Objetivos

Diseño de Muros – Objetivo 1: Diseñar los muros exteriores para controlar el agua de lluvia.

Diseño de Muros – Objetivo 2: Diseñar los muros exteriores para evitar la condensación de vapor de agua en superficies frías dentro de la parte seca del ensamblaje de muros exteriores, y en la superficie interior de muros exteriores o dentro de las cavidades de muros interiores, pisos o cielorrasos.

Guía

Diseño de Muros, Objetivo 1: Diseñar los muros exteriores para controlar el agua de lluvia.

Guía 1: Diseñe los muros exteriores para proteger las partes internas de la lluvia directa y filtraciones a través del revestimiento.

- Diseñe muros que tengan protección contra el agua de lluvia detrás del revestimiento en forma de espacios de aire y materiales de barreras (p. ej., la superficie de drenaje) para evitar que el agua se absorba más adentro del muro.
- Especifique en los planos del diseño y en las especificaciones de los tapajuntas en las aberturas—incluyendo ventanas, puertas e intersecciones techo-muro—a una superficie de drenaje designada explícitamente.
- Provea secciones y especificaciones detallando los tapajuntas para todas las aberturas. Los tapajuntas para aberturas más grandes (p. ej., ventanas, puertas y rejillas de extracción y suministro) deben estar cuidadosamente diseñados y detallados. En la parte superior, los tapajuntas se deben extender de por debajo del material de la superficie de drenaje, cruzando la parte de arriba de la moldura, y sobrepasando el revestimiento y molduras (ver Figuras 2-6 y 2-7). La parte inferior debe tener un tapajuntas de bandeja con diques terminales y dique posterior. Los tapajuntas laterales deben cubrir la abertura primaria y extenderse por debajo de la superficie de drenaje en el muro y cubrir hacia abajo por encima de los diques terminales en el tapajuntas de alféizar.
- Entre las áreas con problemas de tapajuntas en muros más comunes se encuentran:
  - Ventanas.
  - Puertas y molduras.
  - Tomas de aire exterior, extractores de salida y ventiladores.
  - Ductos, tuberías y entradas y salidas de conductos eléctricos.
  - Tapajuntas pasantes para muros donde un elemento horizontal (p. ej., el techo) se intersecta con el muro de una porción más alta de la edificación. Lugares similares incluyen las intersecciones de muros exteriores de recintos de escaleras así como ángulos de asiento de soporte de mampostería, terrazas con toldos, e intersecciones de balcones y placetas con el muro de una sección más alta de la edificación (ver Figuras 2-8).

Diseño de Muros – Objetivo 2: Diseñe los muros exteriores para evitar la condensación del vapor de agua en superficies frías dentro de la parte seca del exterior del ensamblaje de muros o dentro del interior de la cavidad del muro, piso o cielorraso.

Guía 1: Diseñe los muros para que sean lo suficientemente herméticos para limitar el desplazamiento del vapor de agua por conducto del aire.

Especifique los detalles de sellado contra el aire para proveer una barrera continua desde la intersección techo-muro a la intersección del muro de fundación por encima del nivel del suelo. Use la prueba del bolígrafo (Ver Apéndice A) para trazar la continuidad de la barrera de aire. NOTA: La barrera de aire para los muros es parte del sistema de barrera de aire para la edificación completa. Especifique el índice de fugas de aire de la edificación completa cuando se pruebe a una presión de 75 Pascales de diferencia de acuerdo con la norma *ASTM E779-10, Standard Test Method for Determining Air Leakage Rate by Fan Pressurization [Método de Prueba Estandarizados para Determinar el Índice de Fugas de Aire por Presurización de Ventiladores]* o la norma de *ASTM E1827-11, Standard Test Methods for Determining Airtightness of Buildings Using an Orifice Blower Door [Método de Prueba Estandarizados para Determinar la Hermeticidad de las Edificaciones Usando una Puerta Soplante]*. Por ejemplo, el U.S. Army Corps of Engineers, requiere un índice máximo de fugas de aire de 0.25 pies cúbicos por minuto por pie cuadrado de la superficie entera de la barrera del aire a una diferencia de 75 Pascales de presión entre el exterior y el interior. El área de superficie de la barrera de aire incluye las seis superficies de la barrera: la superior, la inferior y las cuatro laterales.

- Seleccione una capa de material en el ensamblaje del muro para formar la base de los sistemas de barrera de aire. Los paneles interiores de yeso, paneles de espuma de plástico o el aislamiento de espuma espreado, el concreto y los paneles de madera prensada de fibra orientada (OSB) o plataforma de madera contrachapada son buenas opciones para la base de sistemas de barrera de aire en ensamblajes de muros. Incluya especificaciones para todos los materiales accesorios requeridos para proveer una continuidad durable de la barrera de aire.
- Provea secciones y especificaciones detallando los métodos para proveer la continuidad de la barrera de aire, especialmente en aberturas, esquinas y bordes.
  - En aberturas que pasan a través de la barrera de aire (p. ej., aberturas sin terminados para ventanas, puertas, tuberías, recintos y conductos).
  - En transiciones entre el material de una barrera de aire y otro (p. ej., intersecciones de muro-cielorraso e intersecciones de muro-piso).
  - Donde la barrera de aire debe pasar alrededor de elementos estructurales (p. ej., construcción de acero pesada debe estar cuidadosamente detallada donde los muros exteriores se juntan con los postes verticales de acero o las vigas horizontales).
- Provea secciones destacando la barrera de aire y los materiales conectados y métodos desde el centro del techo hasta el centro de la fundación para cada sección.

Guía 2: Cumpla con, o exceda, el Valor de R para muros como se describe en el Código Internacional de Conservación de la Energía 2012.

- Provea secciones bidimensionales detallando los métodos para proveer la continuidad de la capa de aislamiento:
  - En ventanas, puertas, columnas, conductos, y otras aberturas que pasan a través de la capa de la barrera de aire.
  - En transiciones entre el una material aislante y otro (p. ej., donde el aislamiento del techo se junta con el aislamiento del muro).
  - En puentes térmicos en la capa de aislamiento (p. ej., donde los elementos de acero penetran las capas de aislamiento).

Guía 3: Diseñe muros para controlar el flujo del calor y la difusión del vapor para evitar la condensación en el ensamblaje del muro y para que se seque hacia el interior, el exterior o ambos. Los diseñadores pueden proveer los detalles de la continuidad de la barrera de aire y las capas de aislamiento en aberturas e intersecciones.

Opción 1: Siga las regulaciones o guías publicadas al combinar el aislamiento, barreras de aire y la permeabilidad de los materiales para muros para controlar la condensación (ver referencias del Capítulo 2). Ejemplos incluyen:

- El Código Internacional de la Edificación y el Código Internacional Residencial.
- *High Performance Building Enclosures* por Straube (2011) provee una guía sistemática para el control de la condensación en cuatro tipos de ensamblajes de techos y muros para todos los climas de Norteamérica.
- *Understanding Vapor Barriers* por Lstiburek (ASHRAE Journal, Agosto de 2004) aplica a todas las zonas climáticas (ver Figuras 2-9 a 2-12).
- *The Building Envelope Design Guide* en el sitio internet The Whole Building Design Guide incluye revestimientos de ladrillo y piedra y sistemas de muros cortina.

- Las guías Canadian Mortgage and Housing Corporation *Best Practice Guides* [Corporación Canadiense Hipotecaria y de Vivienda Guía de Mejores Prácticas] aplican a zonas climáticas 6 y 7.

Opción 2: Modele el desempeño del ensamblaje de muros propuesto usando un programa de software higrotérmico (p. ej., WUFI o *hyg*IRC). Use condiciones de diseño del *Estándar 160P* de ASHRAE para el modelaje. Note, sin embargo, que los resultados de las simulaciones computarizadas deben ser interpretadas cuidadosamente y de acuerdo a prácticas constructivas reales. Por ejemplo, la mayoría de modelos computarizados asumen que los muros son herméticos y que no vapor de agua es transportado a través de éstos por conducto del aire. Entonces para el que el modelaje sea válido, el ensamblaje debe estar diseñado, instalado y probado para cumplir con los estándares de hermeticidad al aire. También, el desempeño de cualquier ensamblaje depende de su orientación en relación a la carga solar y la dirección del viento durante lluvias fuertes. Algunos de los programas pueden modelar la dinámica del agua de lluvia absorbida por revestimientos porosos y es vaporizada hacia adentro del ensamblaje por el sol pero otros programas no pueden hacerlo.

Guía 4: Diseñe muros revestidos de ladrillo y mampostería para evitar la dinámica lluvia-sol impulsando el vapor de agua.

- Si el revestimiento es de ladrillo o de bloques de concreto y el muro está aislado con aislamiento de alta permeabilidad (perm >10) y está ubicado en zonas climáticas 1, 2, 3, 4 o 5 (ver Figura 2-5):
    - Ventile el revestimiento por detrás.
    - Use cubierta de aislamiento de baja permeabilidad (perm <1) y acabados interiores con perm <2.
    - En zonas climáticas 1, 2 y 3, diseñe la edificación para operar en presión positiva.

Figura 2-5 Mapa del Código de Energía de las Zonas Climáticas Desarrollado por el Departamento de Energía de los Estados Unidos

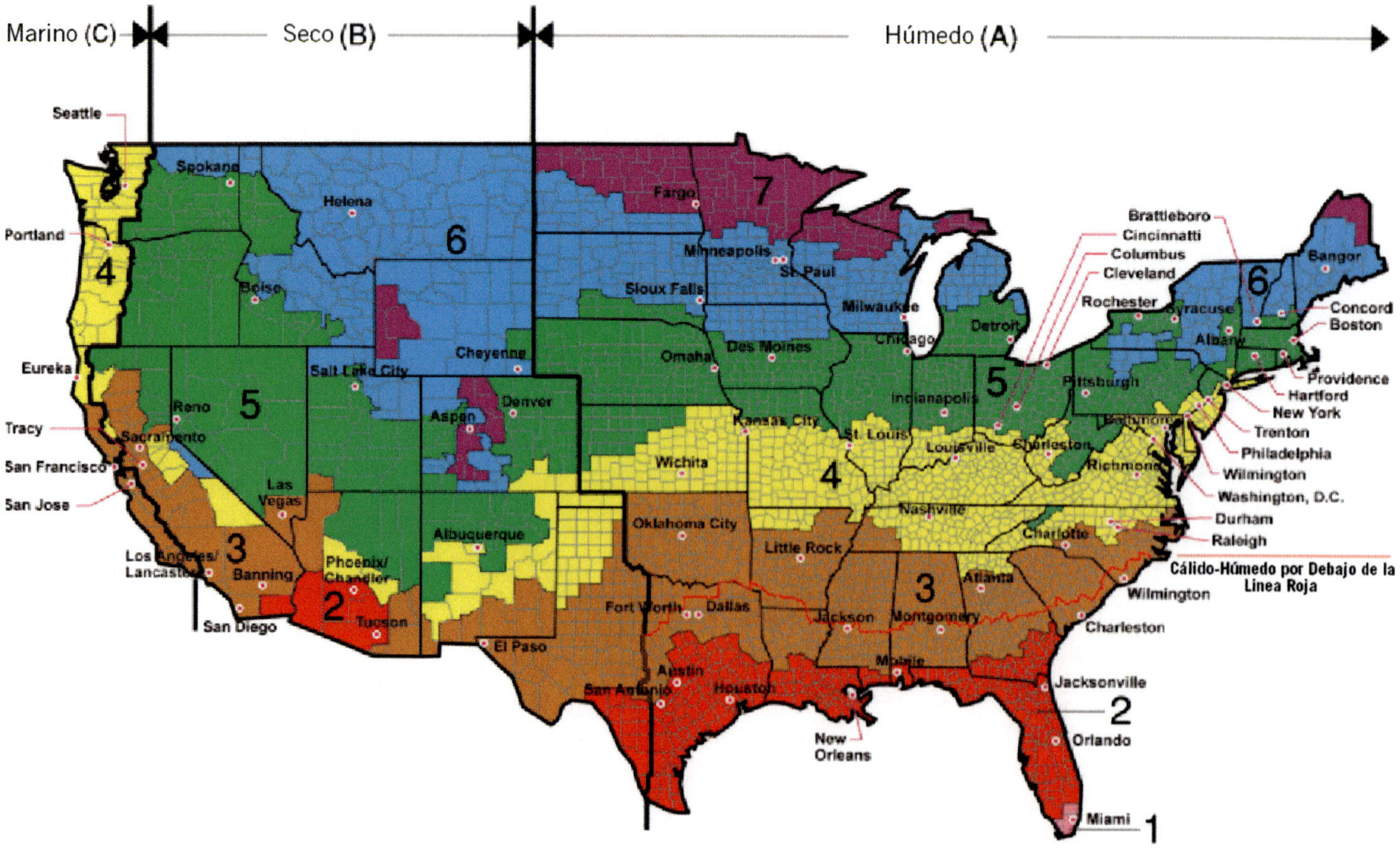

Toda Alaska en Zona 7; excepto los siguientes burgos en Zona 8: Bethel, Delingham, Fairbanks, N. Star, Norne North Slope, Northwest Arctic, Southeast Fairbanks, Wade Hampton, y Yukon-Koyukuk.

La Zona 1 incluye: Hawaii, Guam, Puerto Rico, y las Islas Vírgenes

Verificación del Diseño del Muro

- Escriba una descripción detallando como el sistema de muros maneja la lluvia. Incluya esta descripción en el documento de las bases de diseño.
- Use la prueba del bolígrafo (Ver Apéndice A) para verificar la continuidad de la superficie de drenaje desde las intersección con el techo, pasando por los tapajuntas, y alrededor de las aberturas hasta la fundación.
- Provea secciones bidimensionales donde dos materiales que forman el control de agua de lluvia se unen y planos tridimensionales donde tres o más elementos de protección contra la lluvia se unen. Las secciones deben mostrar la continuidad de barreras capilares y tapajuntas alrededor de aberturas y la interacción de la barrera de aire con los sistemas de aislamiento (ver Figura 2-8).
- Especifique un programa de aseguramiento de la calidad (QA) para la instalación de sistemas de protección de contra el agua de lluvia. Cómo mínimo, provea una lista de detalles críticos, inspecciones programadas y pruebas de aseguramiento de la calidad de los elementos de drenaje y barreras capilares de los sistemas de muros. Especifique la secuencia de las pruebas e inspecciones, las partes responsables de estos y la documentación requerida de los resultados. Las partes participantes del aseguramiento de la calidad pueden incluir a subcontratistas, contratistas generales, agentes de comisionamiento y proveedores independientes de inspecciones de tercera parte o de pruebas. Provea una lista de los requerimientos de inspección y mantenimiento para revestimientos exteriores, tapajuntas y superficie de drenaje.
- Use ensamblajes de muros detallados en guías o revistas especializadas que han sido diseñadas para manejar el vapor de agua y la condensación en los climas de interés. Realice modelados higrotermales cuando no hay documentación de pruebas anteriores o modelado de un ensamblaje de muros en un clima particular.
- Escriba una descripción detallando como el sistema de muros controla el vapor de agua durante los modos de enfriado y calefacción, según se aplique. Prepare planos y especificaciones que detallen el control del desplazamiento del vapor y la permeabilidad y los valores de aislamiento de todos los materiales.
- Use la prueba del bolígrafo (Ver Apéndice A) para verificar la continuidad de las capas de aislamiento y barreras de aire desde la intersección con el techo, a través de los tapajuntas y alrededor de las aberturas hasta la fundación.
- Provea secciones bidimensionales donde dos materiales que forman las capas de aislamiento y barreras de aire se unen y planos tridimensionales donde tres o más elementos del aislamiento y la barrera de aire se unen.
- Especifique una prueba de presurización por ventiladores en los documentos de especificación del diseño para evaluar el cerramiento completo de la edificación usando la norma *ASTM E779-10, Standard Test Methods for Determining Air Leakage Rate by Fan Pressurization [Método de Prueba Estandarizados para Determinar el Índice de Fugas de Aire por Presurización de Ventiladores]* o la norma de *ASTM E1827-11, Standard Test Methods for Determining Airtightness of Buildings Using an Orifice Blower Door [Método de Prueba Estandarizados para Determinar la Hermeticidad de las Edificaciones Usando una Puerta Soplante]* o el protocolo del U.S. Army Corps of Engineers, Air Leakage Test Protocol for Building Envelopes [Protocolo de pruebas de fugas de aire para la envolvente de la edificación].
    - Especifique el nivel de la hermeticidad deseada.
    - Especifique cuando se debe conducir la prueba en relación al terminado de sistema de barrera de aire.
    - Identifique la persona u organización que se encargará de realizar las pruebas.
    - Especifique como los resultados deben estar documentados, evaluados y aceptados o rechazados.
    - Especifique las soluciones si la edificación no pasa la prueba.
- Provea una lista de detalles críticos, un programa de inspecciones y pruebas de aseguramiento de la calidad para la barrera de aire, el aislamiento y los elementos de control de vapor de los muros. Especifique las secuencia de inspecciones y pruebas, los individuos u organizaciones que se encargará de esto, y la documentación requerida de los resultados.

- Especifique los programas de aseguramiento de la calidad (QA) para la instalación de elementos de control higrotérmico del cerramiento. Provea una lista de requerimientos de inspección y mantenimiento para acabados interiores si son críticos en el control del vapor de agua (p. ej., si el control del vapor de agua depende de un acabado interior permeable al vapor, durante las renovaciones se debe evitar recubrimientos de muro de vinilo o pinturas que tienen baja permeabilidad. Fotografías, pizarrones y espejos deben estar separados de los muros para evitar la creación de barreras de vapor).
- Especifique los puntos de condensación más altos a ser mantenidos en espacios con aire acondicionado durante las temporadas de calefacción y enfriamiento.

Figura 2-6 Sección Mostrando Tapajuntas de Ventana y Tapajuntas de Jambas para Muro de Revestimiento de Piedra

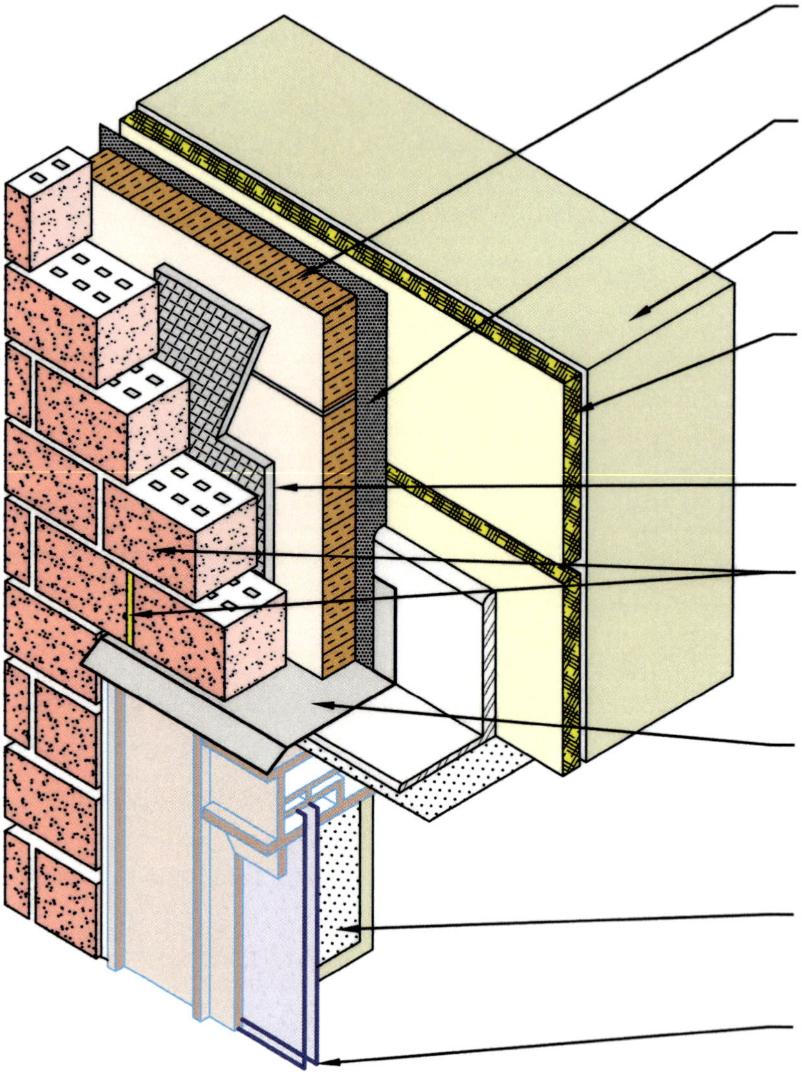

Figura 2-7 Sección Mostrando Tapajuntas de Bandeja para Alfeizar y Tapajuntas de Jambas para Muros de Revestimiento de Ladrillo

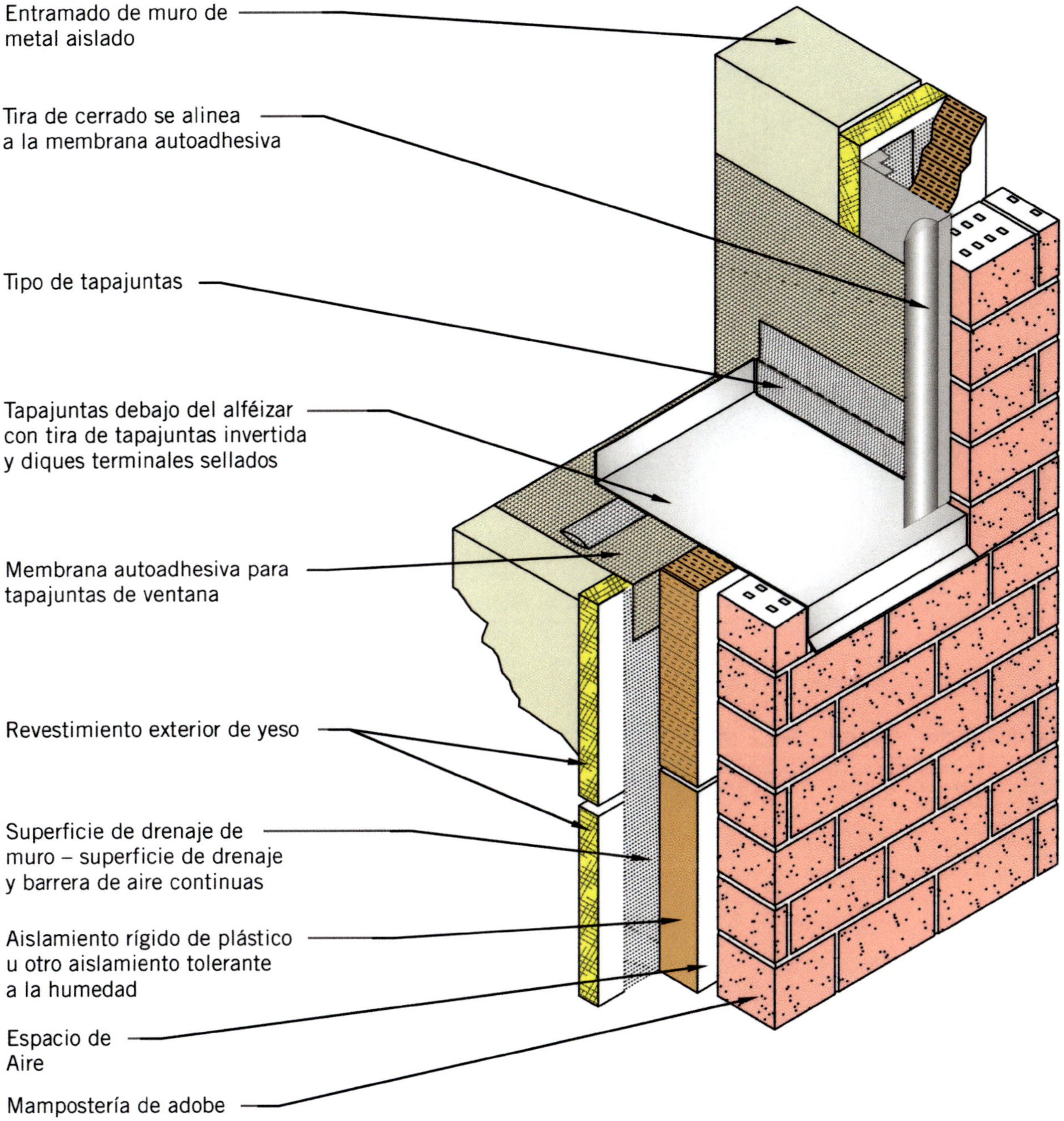

Figura 2-8 Detalle Ilustrando el Tapajuntas Pasante para Muros donde un Techo Bajo se Intersecta con el Muro

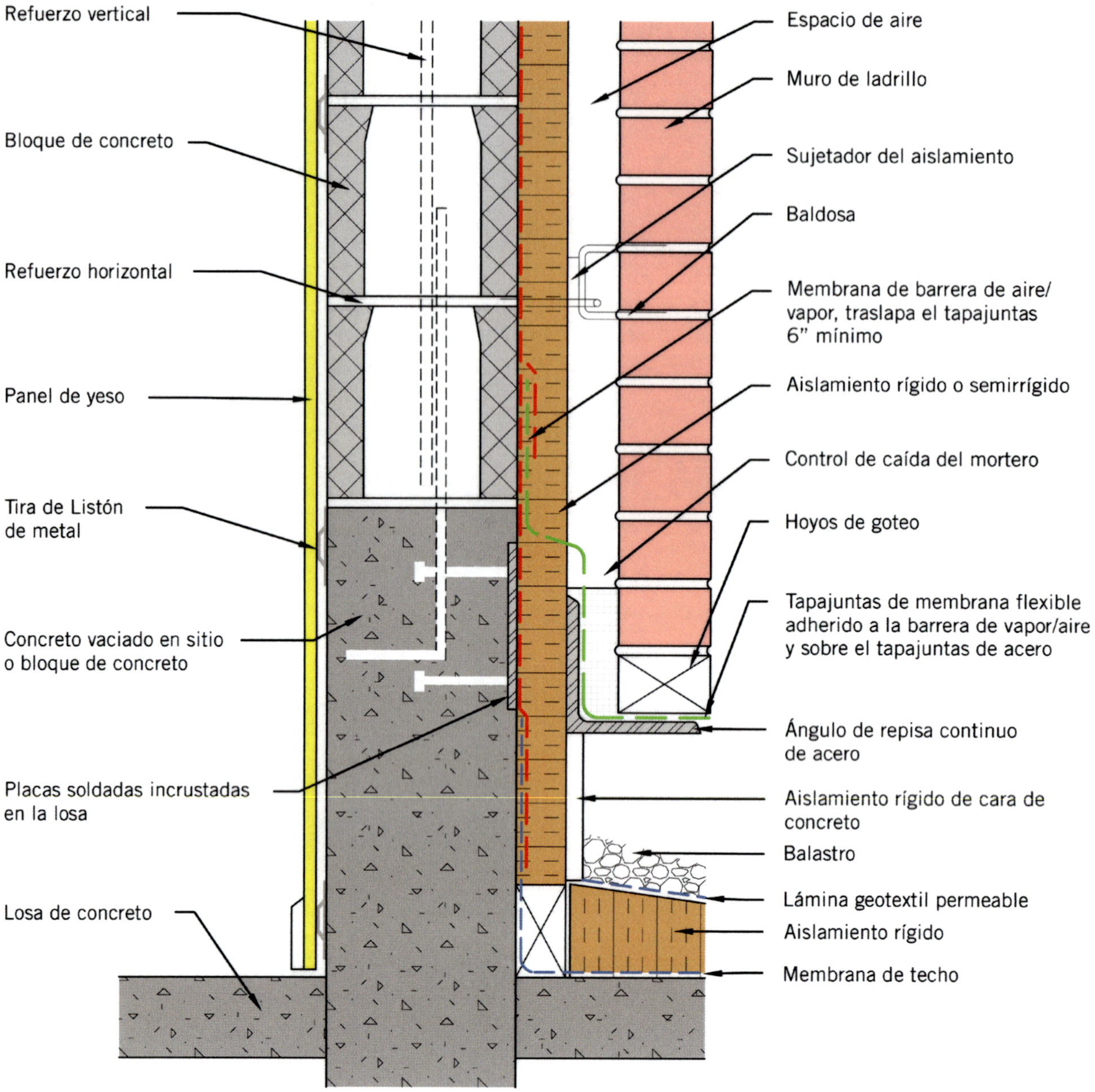

Figura 2-9 Bloque de Concreto con Aislamiento Interior Rígido y Estuco

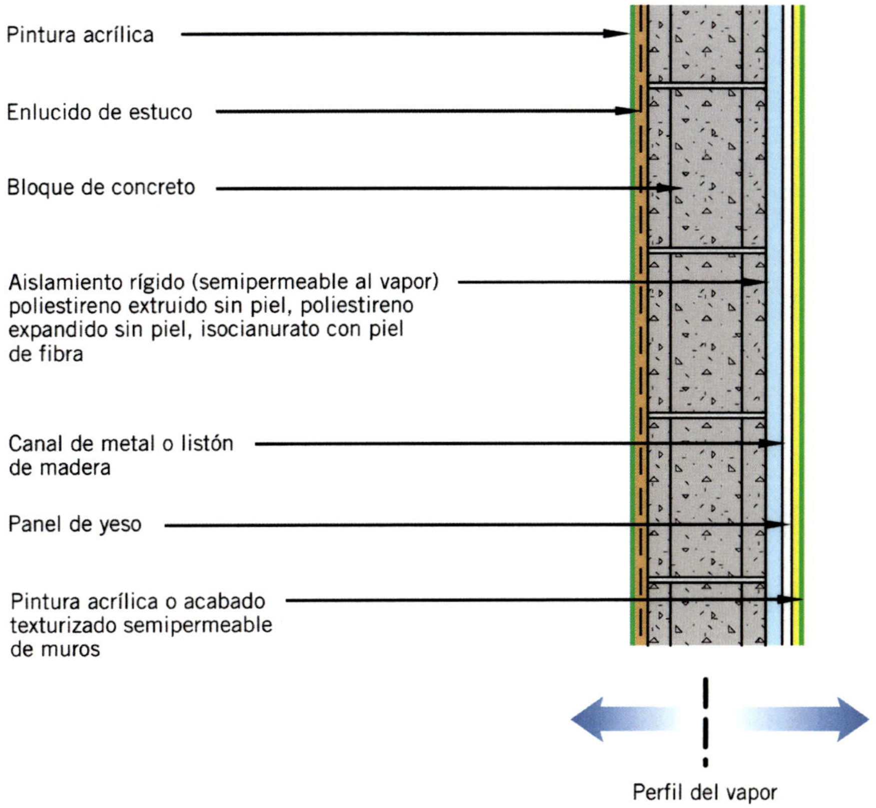

Figura 2-10 Bloque de Concreto con Aislamiento Interior Rígido de Entramado de Muro con Aislamiento de Cavidades y Estuco

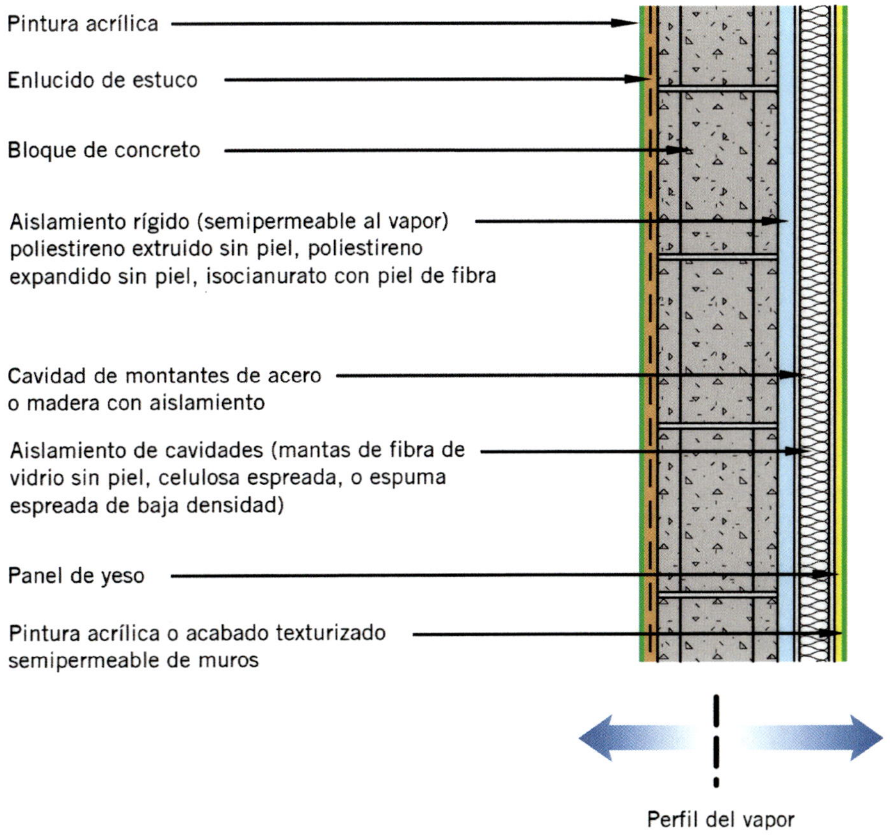

Figura 2-11 Entramado de Muro con Aislamiento Exterior Rígido con Aislamiento de Cavidades y Revestimiento de Ladrillo o Piedra

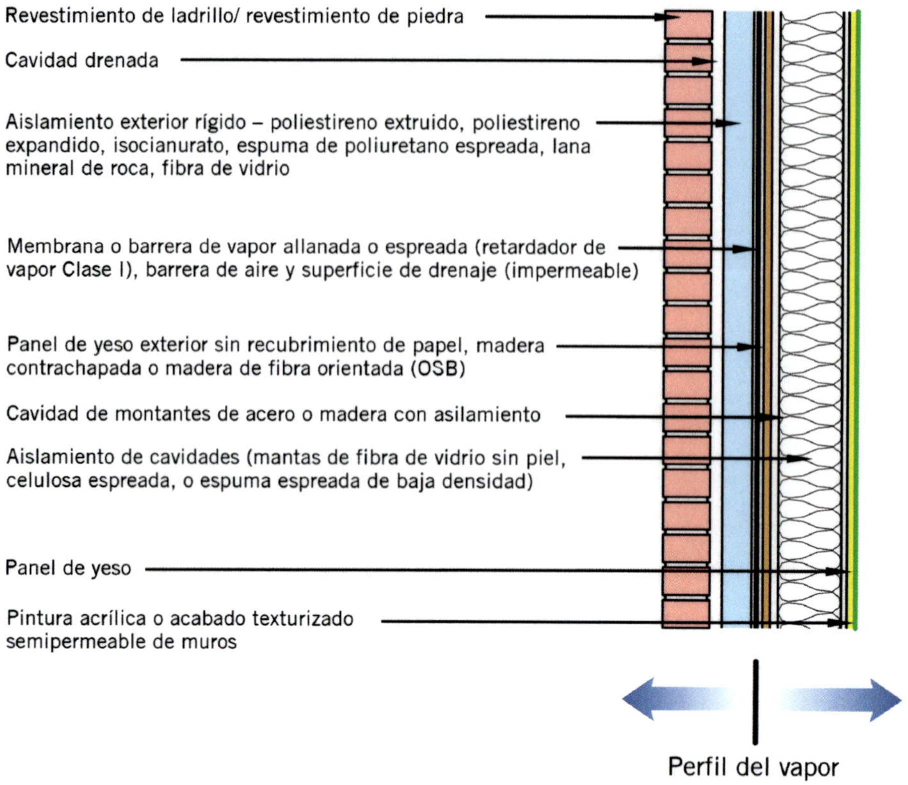

Figura 2-12 Concreto Prefabricado con Aislamiento Interior de Espuma Atomizada

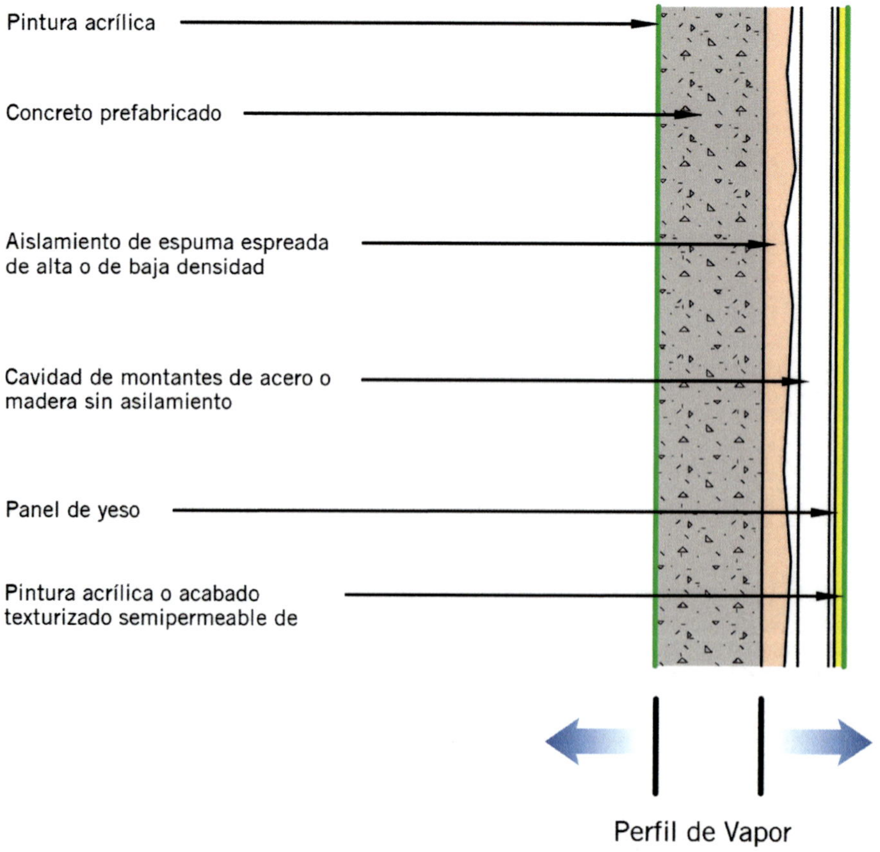

Ensamblajes de Techos y Cielorraso

Problema

El detallado inapropiado de ensamblajes de techo y cielorraso puede resultar en intrusiones o problemas de condensación no deseados que pueden conducir a daños en las edificaciones y sus contenidos. Fallas en el diseño apropiado del techo pueden resultar en mantenimiento o reparaciones más frecuentes y costosas y una vida más corta de la edificación. En ensamblajes de techo-cielorraso, la parte del control de agua de lluvia del sistema de techos puede estar separado de las capas de aislamiento y barreras de aire por un espacio de ático ventilado. En este caso, la continuidad del control del agua de lluvia está trazada a través del sistema de techo, mientras que la continuidad de la barrera de aire y el aislamiento puede ser trazado a nivel del cielorraso. En esta sección, el termino ensamblaje de techo se refiere al ensamblaje completo que provee protección contra la lluvia, aislamiento térmico, barreras de aire y control de la condensación.

Objetivos

Ensamblaje de Techo y Cielorraso – Objetivo de Diseño 1: El techo colecta y desecha el agua de lluvia.

Ensamblaje de Techo y Cielorraso – Objetivo de Diseño 2: Los ensamblajes de techos están diseñados para evitar la condensación de vapor de agua en superficies frías dentro de la porción seca del ensamblaje de techo, en la superficie interior de ensamblajes de techo exteriores o dentro del muro interior, piso o cavidades en el cielorraso.

Ensamblaje de Techo y Cielorraso – Objetivo de Diseño 3: El diseño del techo considera el mantenimiento para el control de la humedad.

Guía

Ensamblaje de Techo y Cielorraso – Objetivo de Diseño 1: El techo colecta y desecha el agua de lluvia.

Guía 1: Incline el techo para drenar al agua de lluvia hacia los sitios de colección y desecho.

Inclinación y Cubiertas de Techo Típicas

- Cubiertas de techo de baja inclinación:
  - Techos urbanizados.
  - Bitumen modificado.
  - De una sola capa.
  - Espuma de poliuretano atomizada.
  - Paneles de metal.
- Cubiertas de techo muy inclinados:
  - Paneles y tejas de metal.
  - Tejas de asfalto.
  - Pizarra.
  - Baldosa.

Determine la pendiente del techo, o ángulo de inclinación, basado en el uso ordinario y requerimientos de diseño. Por ejemplo, con el propósito de la seguridad, un techo que sirve como plaza, área de jardines, u otro espacio social debe tener una inclinación suficientemente baja para que sea segura. Inclinaciones ligeramente altas pueden ser toleradas para techos con acceso limitado, donde está ubicado el equipo mecánico que requiere inspecciones de rutina y mantenimiento, pero la inclinación de estos techos debe ser aun lo suficientemente baja para permitir caminar con seguridad. Techos con inclinación más alta puede ser seleccionada para atractivo visual, consistencia con edificaciones de su entorno o para que tenga la capacidad de que resbale la nieve y el agua. Los materiales de techos seleccionados para apariencia o desempeño pueden tener requerimientos de inclinación mínimos. Por ejemplo, techos de pizarra deben ser de no menos de 3 en 12 de ángulo de inclinación (3:12), mientras que algunos techos de membrana de inclinación baja han sido usados en esencialmente techos planos. Para estos materiales, esta guía requiere al menos ¼ en 12 de ángulo de inclinación (¼:12) para promover el drenaje positivo a pesar de deflexión y tolerancias típicas de construcción. Aun los techos "planos" deben ser inclinados para asegurar el drenaje positivo.

- Use materiales para techos que son apropiados para el ángulo de inclinación. Seleccione materiales para techos de acuerdo con los requerimientos de la guía *[Guía de Diseño del Edificio Completo]*, para techos de baja y alta inclinación. NOTA: techos de baja inclinación están definidos como techos con pendientes de 3:12 (25 por ciento) o menos. Sin embargo, con excepción de techos de metal, la mayoría de los techos de baja inclinación deben tener un mínimo de ¼:12 (2 por ciento). Los techos de alta inclinación están definidos como techos cuya inclinación es mayor del 25 por ciento. Algunos materiales pueden ser usados en ambas, alta y baja inclinación, mientras que otros están limitados para una u otra inclinaciones.
- Diseño de colección del agua del sitio y sistemas de eliminación para proveer drenaje positivo del techo donde:
  - Se consideran todas las deflexiones de carga en la plataforma del techo.
  - Los índices locales de precipitación pluvial son considerados.
  - Se siguen los requerimientos del fabricante de techos para la colocación del desagüe.
  - Drenaje del techo dentro de un máximo de 48 horas después de la precipitación es asegurado.

Guía 2: Diseño del sistema de drenaje del techo con suficiente capacidad de manejo de escorrentía.

La cantidad de agua a ser manejada depende del área y la pendiente del techo y de la intensidad de la precipitación pluvial en el sito de la edificación. El Capítulo 11 del Código Internacional de Instalaciones Hidráulicas y Sanitarias (IPC) 2003, Desagüe Pluvial, requiere que el tamaño de los conductos verticales y tubos de desagüe, alcantarillas de la edificación, cloacas de la edificación, y cualquiera de las ramales horizontales de estas alcantarillas o cloacas deben estar basadas en un índice de precipitación pluvial por hora en periodo de retorno de 100 años. Use las figuras que se presentan en ese capítulo o en índices de precipitación pluvial.

El diseño de la edificación, la apariencia y la ubicación influyen en el tipo de sistema de drenaje del techo. Los diseñadores pueden optar por usar sistemas de desagüe internos, sistemas de desagüe externos o ambos.

Sistemas de Desagüe Externo de Canalones y Bajantes Pluviales

Diseñe sistemas de desagüe externo de canalones y bajantes pluviales de acuerdo con el Capítulo 1 (Sistemas de Desagüe de Techos) del Sheet Metal and Air Conditioning Contractors' National Association, Inc. (SMACNA) *Architectural Sheet Metal Manual [Manual de Hojas de Metal Arquitectonicas de SMACNA].* El manual de SMACNA provee guía para dimensionar los sistemas de desagüe para tormentas en periodos de retorno de 10 años y de 100 años. Compare la capacidad neta de desagüe de diseño con los requerimientos de los códigos locales.

- Dimensione los canalones y bajantes pluviales para que efectivamente drenen al máximo la escorrentía al determinar la cantidad de agua que el sistema de drenaje debe manejar dada el área de techo a ser drenada, su inclinación y la intensidad precipitación pluvial. Para información específica, ver el SMACNA *Architectural Sheet Metal Manual* [Manual de Hojas de Metal Arquitectónicas de SMACNA] o los requerimientos del IPC referenciados en esta sección.
- Conecte todos los bajantes pluviales a tubos de desagüe inclinados, con un 5 por ciento—6 pulgadas por 10 pies—mínimo de pendiente que se extienda por lo menos 10 pies desde la fundación o que cumpla con requerimientos más estrictos de los códigos locales. Los tubos de desagüe pueden ser colocados por encima o por debajo del suelo.
- Para tubos de desagüe superficiales o subterráneos, use materiales que cumplan con los estándares listados en el IPC [Código Internacional de Instalaciones Hidráulicas y Sanitarias]. Asegure que las juntas y uniones en tubos de desagüe están sellados herméticamente para evitar que el agua escape cerca de la fundación. Para evitar que crezcan raíces dentro de los tubos de desagüe subterráneos, asegure que los tubos de desagüe no estén perforados.
- Si se usan tubos de desagüe por encima del nivel del suelo, provea protección de daños accidentales o intrusiones.
- Dirija todos los tubos de desagüe a (sitios) de eliminación aprobados por el código, típicamente desagües al aire libre, pozos secos, montículos vegetados o estanques. Pero in edificaciones donde se hace un esfuerzo por reducir escorrentía de agua de lluvia, el agua de lluvia puede ser colectada para su uso en funciones de la edificación.

La eliminación adecuada previene que el agua de tormentas potencialmente contaminada, afecte adversamente la calidad del agua.

- En climas con una caída de nieve importante, diseñe el ensamblaje del techo para evitar acumulación de hielo en los techos que drenan hacia sistemas de desagüe externos. Ver la Guía 4 del Objetivo de Diseño de Ensamblajes de Techo y Cielorraso.

Sistemas Internos de Desagüe de Techos

Los sistemas internos de desagüe de techos consisten en drenajes en la superficie del techo conectados a bajantes que corren a través de interior de la edificación y desaguan a alcantarillas de tormentas u otros puntos de descarga. Los sistemas internos de desagüe de techos son la solución más práctica para techos grandes de baja inclinación. Estos sistemas son resistentes a los problemas de acumulación de hielo en techos de baja inclinación en áreas con una caída de nieve importante. Los sistemas internos de desagüe raramente son usados en techos de alta inclinación (mayores de 3:12). La Figura 2-13 muestra la colocación de del desagüe interior para un sistema de techos de baja inclinación.

- Dimensione y coloque drenajes para remover el máximo los flujos de agua de lluvia y de deshielo efectivamente. Consulte el Capítulo 11, Desagües Pluviales, del IPC.
- Asegure que elementos como superestructuras y unidades de HVAC montadas sobre techos no obstruyan el flujo del agua del techo al drenaje.
- Equipe los drenajes del techo con coladeras u otros dispositivos para evitar que hojas y otros escombros taponeen el drenaje o el tubo del bajante.
- Coloque drenajes en el centro de los espacios entre columnas para que cualquier deflexión estructural produzca pendientes hacia el drenaje. Permita que haya movimiento vertical en la conexión del tubo de desagüe que resulte de la deflexión estructural.

Figura 2-13 Dibujos en el Plano Mostrando la Ubicación Interior del Drenaje y la Pendiente del Techo para un Sistema de Baja Inclinación

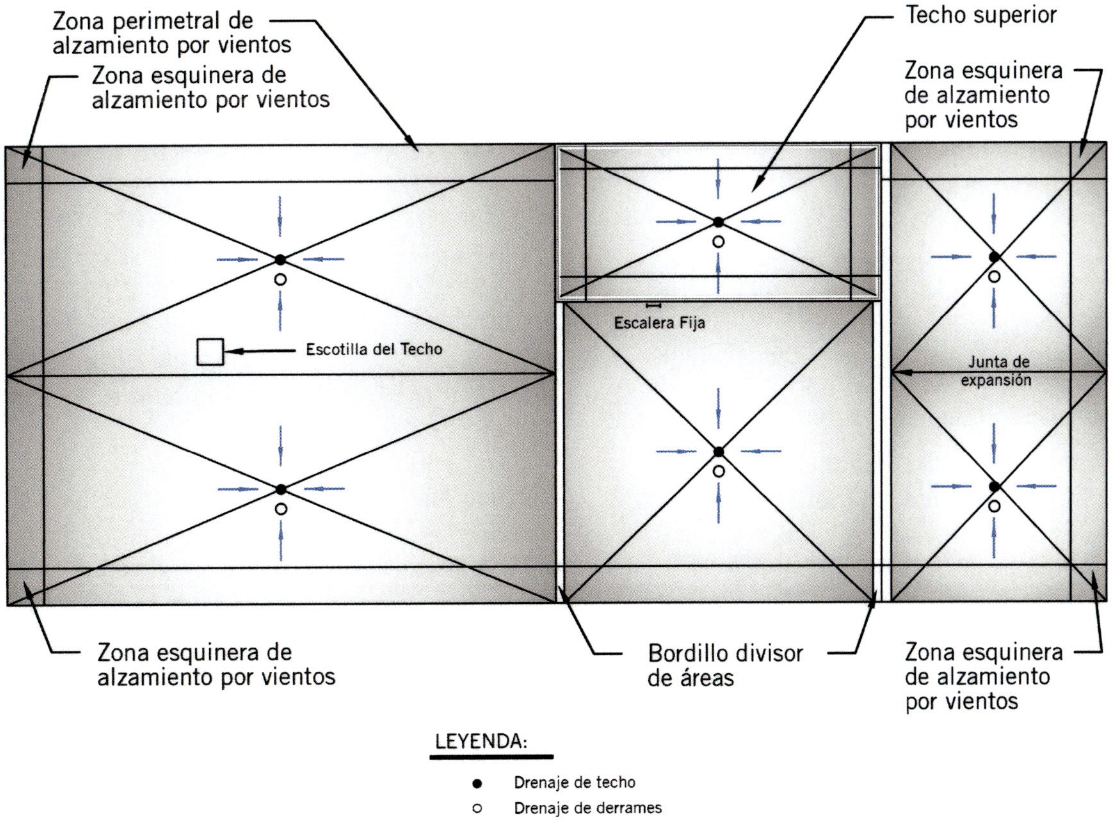

Figura 2-14 Plano Tridimensional Detallando la Continuidad del Control de Agua de Lluvia en la Intersección de Respiraderos Cuello de Ganso, Tapajuntas y Membrana de Techos

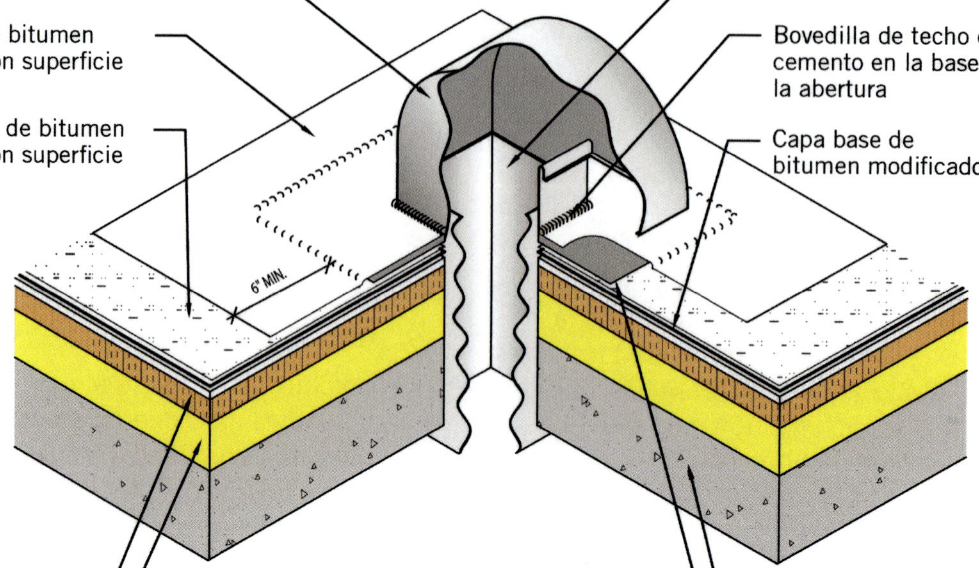

- Diseñe todos los techos con al menos ¼:12 de ángulo de inclinación para sobrepasar los puntos bajos causados por la deflexión esperada de los elementos del techo o las tolerancias típicas de construcción.
- Coloque tubos de bajantes en rozas interiores. Tubos de bajantes en rozas a lo largo de muros exteriores son más vulnerables a la condensación.
- Permita el fácil acceso a tubos de bajantes para inspecciones periódicas y reparaciones mediante paneles de acceso o closets de servicios.
- Para parapetos u otras protuberancias por encima de la línea del techo, provea un método alternativo para drenar el agua de lluvia si el sistema principal de desagüe del techo no funciona. Se usan a menudo dos métodos:
  - La instalación de embornales a través del parapeto.
  - La instalación de un sistema adicional de drenajes de techo y tubos de bajantes.

Guía 3: Diseñe penetraciones de parapetos e intersecciones de techo y muro para evitar la entrada de agua de lluvia. Las Figuras 2-14, 2-15 y 2-16 muestran detalles del control de agua de lluvia para un respiradero de "cuello de ganso" penetrando un techo de baja inclinación y para un techo de baja inclinación que intersecta un muro de parapeto.

Las capas de drenaje deben mantenerse integras en las juntas y en las penetraciones, donde el cerramiento es más susceptible a problemas de humedad. Ver Tabla 2-1 para una lista de penetraciones comúnmente encontradas en techos y para guía en cómo mantener la integridad en esas penetraciones.

Ensamblajes de Techo y Cielorraso – Objetivo de Diseño 2:

Diseñe los ensamblajes de techos de forma que eviten la condensación del vapor de agua en superficies frías dentro de la parte seca del ensamblaje del techo, en la superficie interior del ensamblaje de techo exterior o dentro de la cavidad del muro interior, piso o cielorraso.

Guía 1: Diseñe el ensamblaje del techo y del cielorraso para que sean lo suficientemente herméticos para limitar el desplazamiento del vapor de agua y la transmisión del calor por conducto del aire.

Tabla 2-1 Mantener la Integridad de las Capas de Drenaje en Juntas y Aberturas.
NOTA: La continuidad de la barrera de aire y la capa de aislamiento también se deben mantener en estos lugares.

Aberturas Comunes en Techos	Formas para Mantener la Integridad de la Protección contra el Agua de Lluvia
Juntas entre materiales para techos	Provea continuidad mediante traslapado o sellado
Bordos de techos	Provea barreras capilares usando cornisas, remates de muro, y bordos de goteo
Juntas entre la intersección de muros y techos	Provea continuidad usando tapajuntas donde un piso inferior se intersecta con un muro de nivel más alto y donde el techo se une al muro de la buhardilla
Tragaluces y trampillas de techo	Provea continuidad usando tapajuntas, bordillos y contrachapas de escurrimiento
Chimeneas	Provea continuidad usando tapajuntas, tapajuntas a dos aguas, y contrachapas de escurrimiento
Manejadoras de aire y ventiladores de extracción	Provea continuidad usando tapajuntas, bordillos y contrachapas de escurrimiento
Tomas de aire exterior y respiraderos pasivos de alivio	Provea continuidad usando tapajuntas y contrachapas de escurrimiento
Respiraderos de tuberías	Provea continuidad usando tapajuntas y contrachapas de escurrimiento

- Especifique los detalles de sellado contra el aire para proveer una barrera de aire desde el centro del ensamblaje del techo-cielorraso hasta la intersección del techo-muro. Use la prueba del bolígrafo (Ver Apéndice A) para trazar la continuidad de las barrera de aire. NOTA: La barrera de aire para el techo es parte sistema completo de barrera de aire de la edificación.
- Especifique el índice de fugas de aire de la edificación completa cuando se pruebe a una presión de 75 Pascales de diferencia de acuerdo con la norma *ASTM E779-10, Standard Test Methods for Determining Air Leakage Rate by Fan Pressurization [Método de Prueba Estandarizados para Determinar el Índice de Fugas de Aire por Presurización de Ventiladores]* o la norma de *ASTM E1827-11, Standard Test Methods for Determining Airtightness of Buildings Using an Orifice Blower Door [Método de Prueba Estandarizados para Determinar la Hermeticidad de las Edificaciones Usando una Puerta Soplante]* o el protocolo del U.S. Army Corps of Engineers Air Leakage Test Protocol for Building Envelopes [Protocolo de Pruebas para Fugas de Aire de la Envolvente de la Edificación]. Por ejemplo, el U.S. Army Corps of Engineers, requiere un índice máximo de fugas de aire de 0.25 pies cúbicos por minuto de superficies de barreras de aire (6 lados) a una diferencia de 75 Pascales de presión.
- Use una capa de material en el ensamblaje de techo o cielorraso como la base de los sistemas de barreras de aire:
  - Paneles de yeso de interiores, paneles de espuma plástico o aislante de espuma uretano espreado, concreto, y madera prensada de fibra orientada (OSB) o plataformas de madera contrachapada son buenas opciones para formar la base de sistemas de barreras de aire en ensamblajes de techo. Incluya especificaciones para todos los materiales accesorios requeridos para proveer una continuidad durable en la barrera de aire.
  - Membranas de techos totalmente adheridas pueden ser utilizadas para formar la barrera de aire en sistemas para techos de baja inclinación sin ventilación.
  - Plataformas de acero acanaladas son difíciles de usar como base de una barrera de aire. (Los canales son difíciles de sellar.)
  - Un cielorraso suspendido en barras T—enganchado o no—no puede usarse como un sistema de barrera de aire.

- Provea secciones bidimensionales detallando los métodos para proveer la continuidad de la barrera de aire en tuberías, recintos, bóvedas de tragaluces, artefactos de iluminación, conductos y otras aberturas que pasan a través de la capa de la barrera de aire.
- Provea secciones bidimensionales destacando la barrera de aire y los materiales que se conectan y los métodos para cada sección.

Guía 2: Seleccione el valor general de R del aislamiento para cumplir o exceder los requerimientos de ASHRAE 90.1 o el Código de Conservación de Energía.

- Provea secciones bidimensionales detallando los métodos para proveer la continuidad de la capa de aislamiento:
  - En tuberías, recintos, bóvedas de tragaluces, artefactos de iluminación, conductos y otras aberturas que pasan a través de la capa de la barrera de aire (Ver Tabla 2-1).
  - En transiciones entre un material aislante y otro (p. ej., donde el aislamiento del techo se une al aislamiento del muro).
  - En puentes térmicos en la capa de aislamiento (p. ej., donde los elementos de acero penetran las capas de aislamiento).

Guía 3: Conjunte la barrera de aire, la capa de aislamiento y los materiales con la menor permeabilidad de vapor de agua (<2 pems) en un ensamblaje de capas contiguas y consecutivas. NOTA: Esto no incluye el techo o la cubierta de techo. Techo y cubierta pueden estar en contacto con estas capas—ensamblaje de techo no ventilado—o separadas por un espacio que esta ventilado hacia el exterior—ensamblaje de techo ventilado. Las Figuras 2-17 y 2-18 muestran el control de condensación en dos sistemas de techos no ventilado de baja inclinación.

Paso 1: Determine si se va a usar un sistema de techo ventilado o no ventilado basado en consideraciones climáticas y de uso del espacio.

- No coloque equipo mecánico espacios de áticos ventilados.
- La condensación en la parte inferior de cubiertas de techos que es provocada por la radiación del cielo nocturno se evita muy fácilmente usando ensamblajes de techo sin ventilación.
- Techos sin ventilación son más resistentes a los incendios causados por pavesas de incendios incontrolados.

Paso 2: Junte todos los materiales con una baja permeabilidad al vapor de agua (<2 perms) en un lado de cualquier cavidad abierta que sirve como capa de aislamiento de vapor. NOTA: En ensamblajes de techos y cielorrasos ventilados se separan los materiales de baja permeabilidad en la capa de cubierta del techo, de los materiales de baja permeabilidad en el cielorraso, barrera de aire y capas de aislamiento, por un espacio ventilado entre ellos. Ambos el techo y el cielorraso se secan con este espacio. Aplique Paso 3A o Paso 3B.

Paso 3A: Siga las guías publicadas de combinación de aislamiento, una barrera de aire, y materiales de permeabilidad apropiada para sistemas de techos ventilados y no ventilados en la zona climática pertinente.[20] Dependiendo del sistema de aislamiento seleccionado, aplique las siguientes guías específicas.

Si se usa aislamiento completamente compuesto de espuma de plástico de baja permeabilidad (p. ej., aislamiento espuma de poliuretano espreado de celda cerrada o de tablero de espuma de plástico), note que:

- La espuma de plástico espreada provee una inherente barrera de aire, capa de aislamiento y control del vapor para todos los climas. De todas formas requiere un detallado especifico en las transiciones entre el espuma espreado y los ensamblajes adyacentes.
- El tablero de espuma provee aislamiento y control de permeabilidad de vapor pero requiere detalles de sellado contra el aire en las juntas, aberturas e intersecciones de muro-techo. Esto puede lograrse usando un sistema de barrera de aire separado (p. ej., tablero de madera o plataforma de techo de panel de yeso sellado para proveer la barrera de aire) o usando el tablero de espuma de plástico como base de la barrera de aire.

Advertencia: En ciertas áreas de alta humedad (p. e.j., piscinas interiores) donde se usa aislamientos de poliuretano espreado de celda cerrada, o de tablero de espuma, los techos de baja inclinación no ventilados pueden necesitar un retardador de vapor con una clasificación menor de permeabilidad que la de la membrana de techo. Se

[20] Ver Straube (2011) para todas las zonas climáticas, Lstiburek (ASHRAE 2006) para todas las zonas climáticas y CMHC Best Practice Guides para zonas climáticas 6 y 7.

Figura 2-15 Control de la Humedad en un Ensamblaje de Techo de Baja Inclinación No Ventilado con Muros Estructurales de Bloque de Cemento

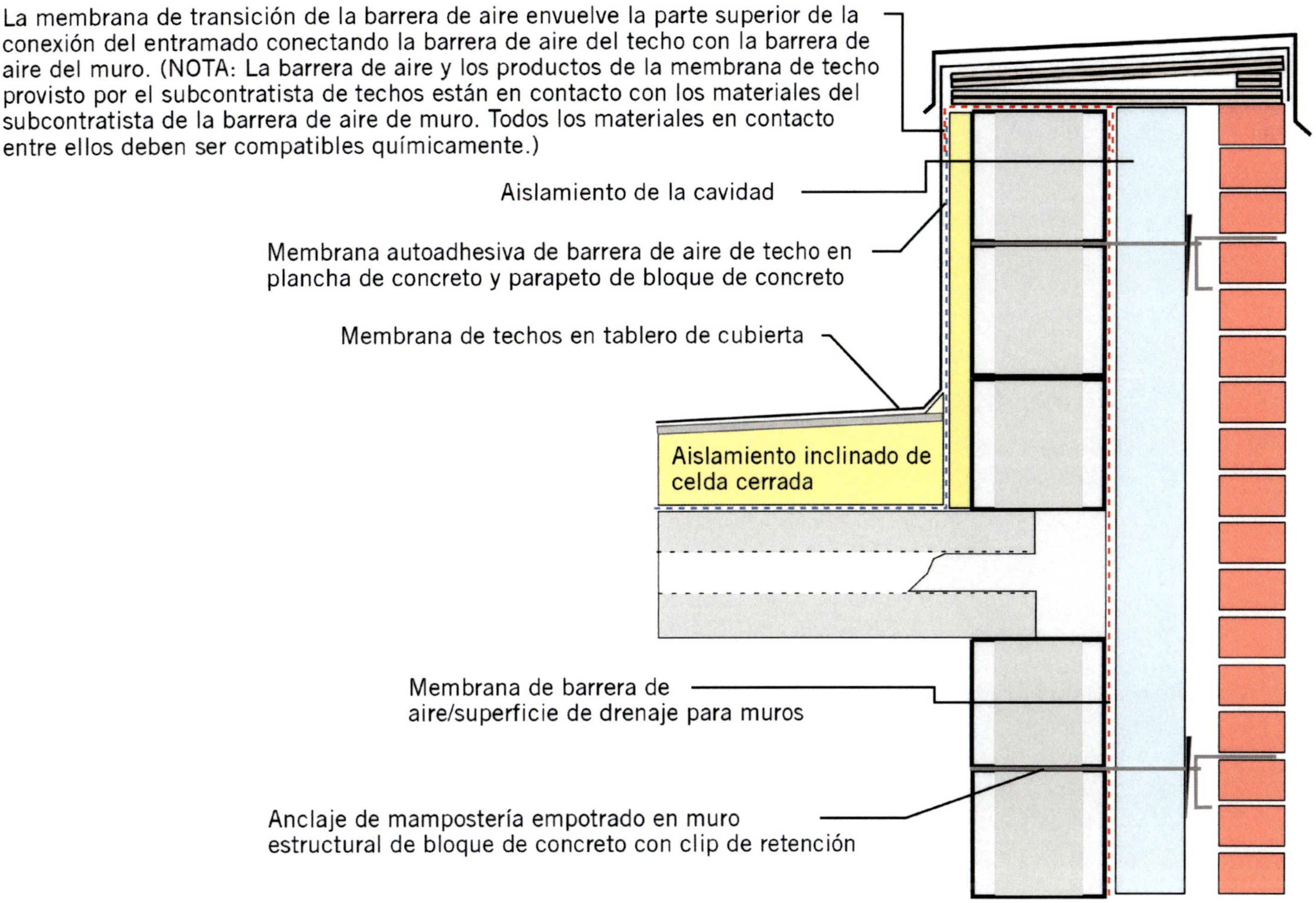

necesita un análisis especial para usos de cargas altas de humedad interna (Ver Paso 3B). Si se usa espuma espreada de celda abierta completamente:

- La espuma de aislamiento provee una barrera de aire inherente.
- Se requiere control interior de vapor por separado en zonas climáticas 5, 6 y 7.
  - Coloque materiales (excepto materiales de techos) con permeabilidad de <2 y la barrera de aire en el lado interior de la capa de aislamiento.
  - Use barreras de vapor interiores clase I o clase II.
- Se aplica a techos ventilados y no ventilados.

Si se usa aislamiento completamente poroso de alta permeabilidad (p. ej., fibra de vidrio, celulosa) para techos no ventilados:

- Use solo en climas cálidos y secos.
- Se requiere un sistema de barrera de aire.

Si se usa aislamiento completamente poroso de alta permeabilidad (p. ej., fibra de vidrio, celulosa) para techos ventilados:

- Se requiere un sistema de barrera de aire.
- Se requiere control interior de vapor por separado en zonas climáticas 5, 6 y 7.
  - Coloque materiales con permeabilidad de <2 (excepto materiales de techos) y la barrera de aire en el lado interior de la capa de aislamiento.
  - Use barreras de vapor interiores clase I o clase II en zonas climáticas 6 y 7.
  - Use barrera de vapor interiores clase III o clase II.
  - En todas las zonas climáticas más templadas, coloque la barrera de aire en el interior o exterior de la capa de aislamiento. No use materiales de menos de 2 perms en el ensamblaje—excluyendo el techo.

Figura 2-16 Control de la Humedad en un Techo de Membrana Invertida con Estructura de Acero Pesado y Acero Ligero con Relleno

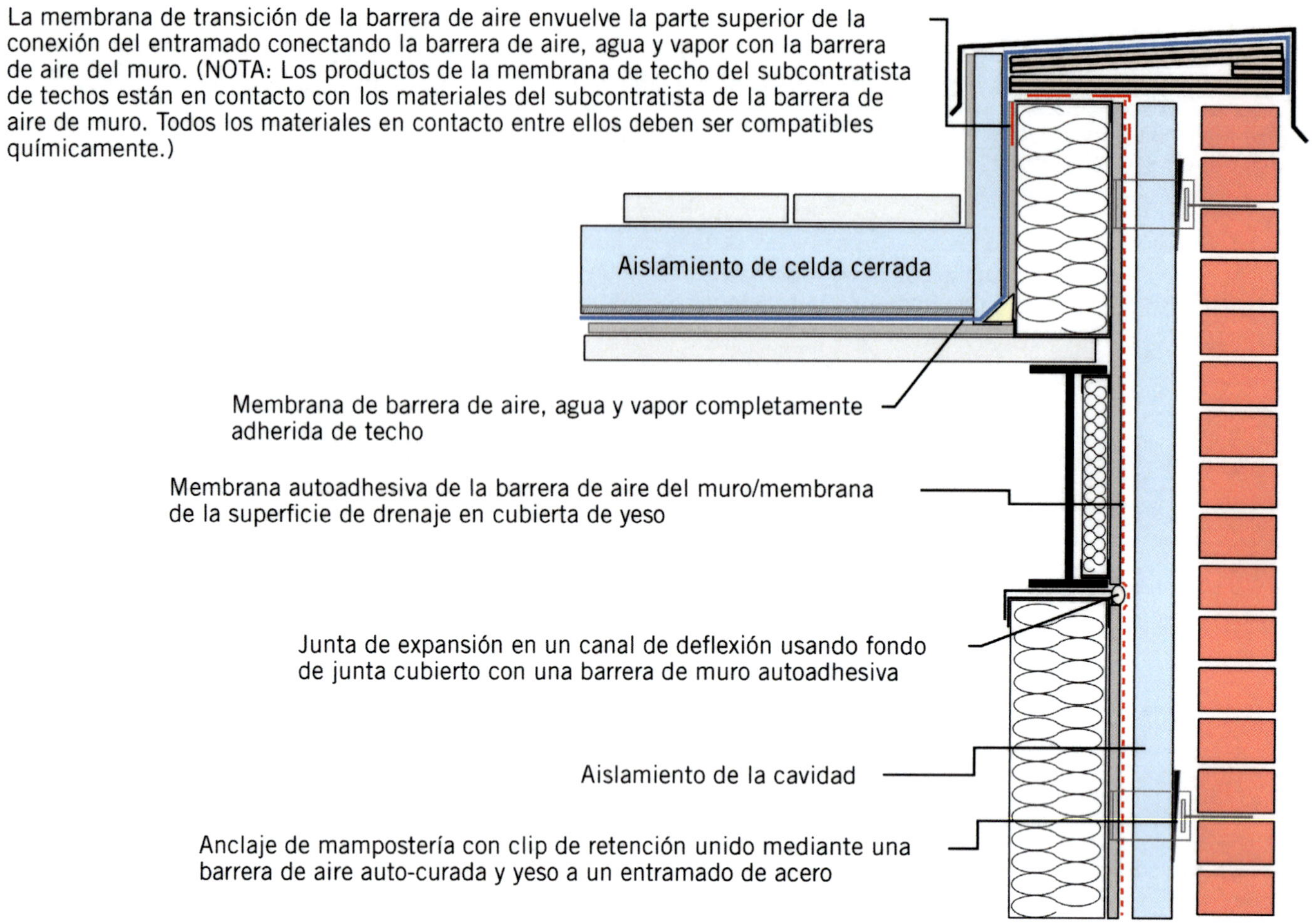

Si se usan una capa de aislamiento de perms altos y una capa de aislamiento de perms bajos juntas para techos no ventilados:

- Todos los materiales de baja permeabilidad (<2 perms) incluyendo el aislamiento de espuma de plástico deben estar conjuntados en el lado exterior de la capa de aislamiento de alta permeabilidad.
- El aislamiento de espuma espreada de poliuretano de celda cerrada provee una barrera de aire inherente.
- El aislamiento de tableros de espuma de plástico debe tener una barrera de aire separada (p. ej., cubiertas para techo o membranas para techo o detalles de sellado contra el aire en las juntas, aberturas e intersección techo-muro).
- La temperatura de la superficie de condensado debe estar controlada usando un índice de valor de R de perms bajo a un valor de R de perms alto.

Para condiciones de humedad interior comunes, al menos una tercera parte del total valor de R debe estar provisto por el aislamiento de espuma de plástico.

Si se usan una capa de aislamiento de perms altos y una capa de aislamiento de perms bajos juntas para techos ventilados:

- Todos los materiales de perms bajos (<2 perms) incluyendo el aislamiento de espuma de plástico deben estar acumulados en el lado interior de la capa de aislamiento de perms altos.
- La espuma de poliuretano espreada de célula cerrada provee una inherente barrera de aire.
- El aislamiento de tableros de espuma de plástico debe tener detalles de sellado contra el aire en las juntas, las aberturas y las intersecciones techo-muro o una barrera de aire separada (p. ej., cubiertas para techo o membranas para techo).

Paso 3B: Modele el desempeño del ensamblaje de techos propuesto usando un programa de software higrotérmico (p. ej., WUFI o HygIRC). Use condiciones de diseño del *Estándar 160* de ASHRAE para el modelaje. Note, sin embargo, que los resultados de las simulaciones computarizadas deben ser interpretados cuidadosamente y de acuerdo a prácticas constructivas reales. Por ejemplo, la mayoría de modelos computarizados asumen que los muros son herméticos y que no vapor de agua es transportado a través de éstos por conducto del aire. Entonces para el que el modelaje sea válido, el ensamblaje debe estar diseñado, instalado y probado para cumplir con los estándares de hermeticidad al aire. También, el desempeño de cualquier ensamblaje depende de su orientación en relación a la carga solar y la dirección del viento durante lluvias fuertes. Algunos programas, pero no todos, pueden modelar la dinámica del agua de lluvia absorbida por revestimientos porosos y es vaporizada hacia adentro del ensamblaje por el sol.

Guía 4: Controle la acumulación de hielo en zonas climáticas 5, 6 y 7.

- Provea una barrera de aire probada y cuidadosamente detallada en el sistema de techos (Ver Guía 2). Coloque la barrera de aire en el mismo plano que, o adyacente a, la capa de aislamiento para todos los ensamblajes.
- Drene los techos de baja inclinación no ventilados a drenajes interiores o use espuma de aislamiento en paneles o atomizado para aislar techos no ventilados que tienen pendiente hacia el desagüe del alero. El total requerido de Valor de R puede lograrse usando solamente el aislamiento de espuma o con la combinación de aislante de espuma y materiales aislantes porosos de alta permeabilidad (p. ej., fibra de vidrio, celulosa o lana mineral). El aislamiento de espuma debe estar colocado en contacto con, pero afuera del aislamiento poroso.
    - O use techos ventilados que se inclina hacia los drenajes de aleros y evite fuentes de calor en áticos ventilados y sistemas de cubiertas de techos ventilados.

Ensamblaje de Techos y Cielorrasos Objetivo de Diseño 3: El diseño del techo considera el mantenimiento de control de la humedad.

Guía 1: Asegure que se puede dar mantenimiento a los sistemas con facilidad y que los planes de mantenimiento son revisados por el propietario.

- Los materiales en el ensamblaje de techo y cielorraso que serán difíciles de desmontar y remplazar deben tener una vida de servicio proyectada por lo menos tan larga como la de los materiales que los contienen.
- Diseñe los ensamblajes para repeler el agua de lluvia por medio de tapajuntas y materiales traslapados para drenarla. No dependa solamente en los selladores para controlar la entrada de agua de lluvia en áreas que serán difíciles o peligrosas de inspeccionar y reparar.
- Desarrolle, o requiera que el contratista desarrolle, documentos de mantenimiento para los sistemas de techos incluyendo requerimientos de garantía, inspecciones programadas y mantenimiento, y procesos apropiados de reparaciones.
- Desarrolle un plan para ambas, la superficie y sub-superficie de drenaje que especifica:
    - Se asumen precipitación pluvial o deshielo máximos.
    - Áreas superficiales de drenaje incluyendo, formas, pendientes, superestructuras, u otras obstrucciones.
    - Flujos estimados de agua.
    - La ubicación y capacidades de todos los conductos.
- Provea los requerimientos del plan de mantenimiento del sistema de drenaje.

Verificación de los Ensamblajes de Techo y Cielorraso

- Escriba una descripción detallando como el sistema de techos maneja la lluvia. Incluye esta descripción en el documento de las bases del diseño.
- Use la prueba del bolígrafo (Ver Apéndice A) para verificar la continuidad de las superficies de drenaje, barreras capilares y tapajuntas alrededor de las aberturas desde el centro del techo hasta la intersección con los muros exteriores.
- Provea secciones bidimensionales donde dos materiales que forman el control de agua de lluvia se unen y planos tridimensionales donde tres o más elementos de protección contra la lluvia se unen. Las secciones deben mostrar la continuidad de barreras capilares y tapajuntas alrededor de aberturas y la interacción de la barrera de aire con los sistemas de aislamiento.

- Provea una lista de detalles críticos, un programa de inspecciones y pruebas de aseguramiento de la calidad de techos, barreras capilares interiores (p. ej., fieltro del techo, membrana autoadhesiva bituminosa modificada), elementos de drenaje y tapajuntas de los sistemas de techos; identifique la secuencia de las inspecciones y las pruebas, las partes responsables de éstas y la documentación requerida de los resultados.
- Provea una lista de requerimientos de inspección y mantenimiento para techos, cubiertas y tapajuntas.
- Haga referencia a publicaciones de ensamblajes diseñados para manejar el vapor de agua y la condensación dentro del clima apropiado. Realice modelaje higrotérmico cuando no esté disponible la documentación obtenida mediante modelaje o pruebas previas de un ensamblaje de techos en un clima particular o niveles de humedad en un espacio inusuales.
- Escriba una descripción detallando como el sistema de techo controla el vapor de agua durante los modos de enfriado y calefacción, como aplique. Los planos y las especificaciones deben identificar los detalles del control del desplazamiento del vapor y la permeabilidad y los valores de aislamiento de todos los materiales.
- Use la prueba del bolígrafo (Ver Apéndice A) para verificar la continuidad de las capas de aislamiento y barreras de aire desde el centro del techo hasta la intersección con los muros.
- Provea secciones bidimensionales donde dos materiales que forman las capas de aislamiento y barrera de aire se unen y planos tridimensionales donde tres o más elementos las capas de aislamiento y barrera de aire se unen.
- Especifique una prueba de presurización de ventiladores en los documentos de especificación de diseño para evaluar la envolvente de la edificación completa de acuerdo con la norma *ASTM E779-10, Standard Test Methods for Determining Air Leakage Rate by Fan Pressurization [Método de Prueba Estandarizados para Determinar el Índice de Fugas de Aire por Presurización de Ventiladores]* o la norma de *ASTM E1827-11, Standard Test Methods for Determining Airtightness of Buildings Using an Orifice Blower Door [Método de Prueba Estandarizados para Determinar la Hermeticidad de las Edificaciones Usando una Puerta Soplante]* el protocolo del U.S. Army Corps of Engineers, Air Leakage Test Protocol for Building Envelopes [Protocolo de pruebas de fugas de aire para la envolvente de la edificación].
  - Especifique el nivel deseado de hermeticidad al aire.
  - Especifique cuando se debe conducir la prueba en relación al terminado de sistema de barrera de aire.
  - Identifique la parte apropiada para efectuar las pruebas.
  - Especifique como los resultados deben ser documentados, juzgados y aceptados o rechazados.
  - Especifique las soluciones si la edificación no pasa la prueba.
- Especifique programas de aseguramiento de la calidad para la instalación de los elementos de control higrotérmico del cerramiento. Provea una lista de detalles críticos y un programa de inspecciones para los elementos de la barrera de aire, aislamiento y control de vapor en el ensamblaje del techo. Especifique la secuencia de inspecciones, las partes responsables de la inspección, y la documentación requerida de los resultados de la inspección.
- Provea una lista de requerimientos de inspección y mantenimiento para terminados interiores si son críticos para el control del vapor de agua.

Sistemas Hidrosanitarios

Problema

Los problemas asociados con el equipo hidrosanitario incluyen:

- Fugas en tuberías presurizadas y contenedores en aparatos domésticos que usan agua y en tuberías que contienen aguas residuales.
- Condensación en tuberías de agua fría, tuberías de agua helada e inodoros. Entre más frías estén estas superficies, es más probable que haya condensación.
- Crecimiento de moho en muros de separación, cielorrasos y pisos encerrando espacios que están sujetos a mojarse repetidamente.

Una vez instaladas, es difícil y caro remplazar y reubicar las instalaciones hidrosanitarias, por eso el diseño es muy importante. Los problemas de humedad asociados con instalaciones hidrosanitarias deficientemente diseñadas pueden causar daños que pueden afectar casi cualquier lugar en la edificación incluyendo lugares que no están a la vista o no son inspeccionados o son de acceso difícil. Enmohecimiento que pasa desapercibido puede resultar de fugas, creando un riesgo de salud a los ocupantes de la edificación. Obtener acceso a instalaciones hidrosanitarias deficientemente diseñadas para repararlas o remplazarlas pueden requerir la demolición de obstrucciones, lo que lleva a costos de reparación más elevados.

Objetivos

Diseño del Sistema Hidrosanitario – Objetivo 1: Diseñe líneas de suministro, líneas de desagüe, y artefactos para evitar fugas de agua y facilitar la detección de fugas y reparaciones.

Diseño del Sistema Hidrosanitario – Objetivo 2: Diseñe sistemas hidrosanitarios para evitar la condensación en tuberías de agua fría y artefactos.

Diseño del Sistema Hidrosanitario – Objetivo 3: Seleccione materiales que minimicen el crecimiento de moho en áreas que no se puede evitar que se mojen.

Guía

Diseño del Sistema Hidrosanitario – Objetivo 1: Diseñe líneas de suministro, líneas de desagüe y artefactos para evitar fugas de agua y facilitar la detección de fugas y reparaciones.

Guía 1: Reduzca las fugas iniciales especificando las pruebas de las líneas de suministro, líneas de desagüe y artefactos.

Determine las especificaciones para pruebas de presión de las líneas de suministro y desagüe y artefactos para identificar las fugas en tuberías.

- Las especificaciones diseñadas deben requerir, como mínimo, las pruebas de las líneas de suministro de acuerdo con la Sección 312.5 del Código Internacional de Instalaciones Hidráulicas y Sanitarias, o secciones relevantes de otros códigos locales aplicables, pero estas pueden requerir pruebas a presiones más altas dependiendo de los requerimientos del equipamiento y del sistema hidrosanitario y la intención del diseño.
- Las especificaciones de diseño deben requerir, como mínimo, pruebas en el lado del desagüe y ventilación del sistema hidrosanitario como lo requiera el código de edificación correspondiente. Por ejemplo, los diseños deben especificar una prueba de gravedad del lado del desagüe y ventilación del sistema de acuerdo a las secciones 312.2, 312.3 y 312.4 del Código Internacional de Instalaciones Hidráulicas y Sanitarias o secciones relevantes de otros códigos locales aplicables. Si todo, o parte del lado de desagüe del sistema estará presurizado durante la operación, se debe especificar la prueba apropiada de presión.
- Identifique el método de prueba y la prueba de presión de diseño.
- Especifique cuando se debe conducir la prueba en relación al terminado de sistema hidrosanitario y el cerrado de las cavidades (p. ej., mientras que las tuberías están expuestas para inspección, pero antes que se tapen).
- Identifique la parte apropiada para realizar la inspección. Dependiendo de la escala del proyecto

y de las partes participantes, la parte apropiada para realizar la inspección puede ser un agente de comisionamiento; u contratista para pruebas, ajustes y balance (TAB); un subcontratista al contratista general; o un contratista de hidrosanitarios.

- Especifique como los resultados deben ser documentados, juzgados y aceptados o rechazados.
- Especifique las soluciones si la edificación no pasa la prueba.

Guía 2: Diseñe el sistema hidrosanitario para que los componentes sean fáciles de inspeccionar y reparar (p. ej., tuberías válvulas, trampas, trampas de grasa, tanques, controles, calentadores, filtros y conexiones a aparatos domésticos).

Coloque tuberías y válvulas donde éstas puedan ser fácilmente inspeccionadas y reparadas, donde las fugas puedan ser vistas rápidamente, y donde una fuga, aun pequeña, no moje una cavidad hecha de materiales sensibles a la humedad. Evite colocar tuberías de agua y otros componentes hidrosanitarios en muros exteriores o cavidades de cielorrasos aisladas con aislamientos porosos. Nota: Si las tuberías tienen que estar ubicadas en un muro exterior o un cielorraso, tienen que estar protegidas de manera que las temperaturas del exterior no las afecten y el aire exterior no se pueda colar en ellas. Además de cualquier aislamiento requerido de tuberías, agregue aislamiento de celda cerrada en panel o una capa de espuma atomizada entre la tubería y la cubierta exterior o entre el muro cortina. Si se usa panel de espuma, debe ser herméticamente sellado en las juntas y en los bordes y conectado de forma hermética al sistema de barrera de aire en todos los bordes del perímetro. El objetivo es envolver la tubería con aire interior cálido cuando hace frío afuera y con aire acondicionado frío, seco, en modalidad de aire acondicionado.

Diseño del Sistema Hidrosanitario – Objetivo 2:
Diseñe los sistemas hidrosanitarios para evitar la condensación en tubos de agua fría y artefactos.

Guía 1: Diseñe el aislamiento y los controles de vapor de agua del sistema hidrosanitario de manera que las tuberías, tanques y otro equipamiento que lleve o contenga agua más fría que el punto de condensación del aire exterior—o más fría que el punto de condensación proyectado del aire en el cerramiento donde se colocará el equipo—esté libre de condensación.

- Especifique la temperatura de diseño y las condiciones de humedad del ambiente para los espacios que contienen componentes hidrosanitarios que llevan agua templada o fría (p. ej., tuberías de agua helada, tuberías de agua fría, inodoros, tanques de almacenamiento de agua fría, o tanques de tratamiento de aguas) y las temperaturas de superficie previstas en estos ítems durante las condiciones de diseño.
- Especifique el valor de R del aislamiento requerido y la permeabilidad y ubicación del elemento de control de vapor de agua para evitar la condensación en la superficie del aislamiento o en la superficie de la tubería o componentes hidrosanitarios.
- Especifique los métodos de sellado al aire y materiales en las juntas y costuras en los elementos de aislamiento y control del vapor de agua.
- Provea los detalles mostrando la continuidad del aislamiento y control de vapor de agua donde las tuberías pasan a través de muros, cielorrasos o pisos y donde las tuberías se unen a otros componentes hidrosanitarios como válvulas, medidores, bombas y tanques.
- Requiera inspección de los controles de condensación para componentes que llevan agua templada o fría y especifique cuando en la secuencia de la construcción deben realizarse las inspecciones, la parte responsable de hacer las inspecciones, los métodos que deben usarse para documentar los resultados de las inspecciones y las soluciones para cuando no se pasa la inspección.

Diseño del Sistema Hidrosanitario – Objetivo 3:
Seleccione materiales que minimicen el crecimiento de moho en áreas que no se puede evitar que se mojen.

Guía 1: En áreas que no se puede evitar que se mojen, use materiales que toleren mojarse y secarse repetidamente.

- Identifique áreas de la edificación que se mojarán por su uso (p. ej., pisos de entradas, pisos de baños, áreas que rodean las tinas, duchas, vestidores, áreas de piscinas y tinas de hidromasaje y cocinas). Especifique los materiales que son altamente resistentes al enmohecimiento. Entre estos materiales están las baldosas de cerámica, vidrio, resinas de plástico, metales y productos con base de cemento.

- Para materiales que se sabe son vulnerables al enmohecimiento (p. ej., panel de yeso con revestimiento de papel sin tratar y madera prensada de fibra orientada [OSB]), use productos y pinturas que son resistentes al enmohecimiento. Especifique criterios de prueba para resistencia al enmohecimiento que eran apropiadas para esos materiales (p. ej., una calificación de 10 cuando se prueban usando la norma *ASTM D3273-12, Standard Test Method for Resistance to Growth of Mold on the Surface of Interior Coatings in an Environmental Chamber* [*Método de Prueba Estandarizado para Evaluar la Resistencia al Desarrollo de Moho en la Superficie de Revestimientos Interiores en una Cámara Ambiental*]).
- Evite especificar materiales que provean nutrientes y soporten el crecimiento del moho. Esos materiales incluyen productos de base de papel y materiales de madera compuesta.

Verificación del Diseño de las Instalaciones Hidrosanitarias

Tuberías, Válvulas y Controles

- Confirme que los planos y las especificaciones documenten la ubicación de las tuberías, válvulas y otros componentes del sistema hidrosanitario y la ubicación, tamaño y tipo de paneles de acceso para inspección y reparación.
- Confirme que los requerimientos de pruebas de presión de las líneas de suministro y drenaje, las respuestas especificas al éxito o la falla, el programa de pruebas, la parte responsable de realizar las pruebas y la documentación requerida han sido todos especificados.
- Provea una lista de detalles críticos y un programa de inspecciones para el sistema hidrosanitario incluyendo las líneas de suministro, líneas de drenaje, artefactos sanitarios, aparatos que usan agua, tanques y recipientes. Especifique la secuencia de inspección, las partes responsables de las inspecciones y que la documentación requerida de los resultados de la inspección.

Retardadores Vapor y Aislamiento

- Confirme que los planos y especificaciones incluyan las condiciones de diseño, elementos de control de condensación, procedimientos de inspección, partes responsables y documentación como sea requerida.
- Provea un lista de detalles críticos y un programa para inspeccionar el sistema hidrosanitario aislamiento y retardadores de vapor, incluyendo líneas de suministro y líneas de drenaje. Especifique la secuencia de la inspección, las partes responsables de las inspecciones y la documentación de los resultados de la inspección.

Espacios mojados

- Confirme que los planos y especificaciones identifiquen materiales resistentes a la humedad apropiados para el uso en lugares mojados incluyendo salas de baño, duchas, vestidores, espacios para albercas y tinas de hidromasaje, y cocinas.
- Provea una lista de requerimientos de inspección y mantenimiento para materiales resistentes a la humedad usados en áreas inevitablemente mojadas.
- Provea una lista de detalles críticos y un programa para inspeccionar los materiales resistentes a la humedad y elementos asociados de control de agua en estado líquido especificados para su uso en áreas inevitablemente mojadas. Especifique la secuencia de la inspección, las partes responsables de las inspecciones y la documentación requerida de los resultados de la inspección.
- Provea una lista de requerimientos de inspección y mantenimiento para materiales resistentes a la humedad usados en áreas inevitablemente mojadas.

Sistemas de HVAC

Problemas

Algunos de los problemas de humedad en edificaciones pueden ser causados o acelerados—o disminuidos o evitados completamente—mediante el diseño y la instalación del sistema de HVAC. Los componentes del HVAC que deshumidifican el aire de ventilación merecen atención especial **porque el aire del exterior constituye la mayor parte de la carga de humedad anual para casi todas las edificaciones**.

Aspectos relacionados con HVAC que contribuyen a problemas de humedad comunes incluyen:

- **Deshumidificación inadecuada del sistema de HVAC durante clima húmedo.** El resultante elevado punto de condensación del aire interior puede provocar la condensación, la casi-condensación y el enmohecimiento. Problemas de confort son también problemas comunes cuando el punto de condensación del aire interior es alto porque la humedad relativa es también alta. Los ocupantes a menudo exigen que se le baje al termostato con la intención de estar más cómodos. Esto es contra productivo. Bajarle al termostato enfría de más la edificación lo que incrementa los riesgos de condensación, exceso de absorción de humedad y subsecuente crecimiento de moho. Las temperaturas frías también reducen más el confort e incrementan los costos de energía.
- **Fugas en conexiones de ductos de aire de retorno y extracción, fugas en compartimientos de la manejadora de aire interior operando bajo succión, y fugas en plenos de aire de retorno.** Estas fugas crean succión en cavidades de la edificación forzando que el aire húmedo exterior entre en la edificación donde se puede condensar la humedad del aire en superficies frías y permitir el enmohecimiento.
- **Fugas en conexiones de ductos de aire de suministro y fugas en compartimientos de la manejadora de aire interior operando bajo presión positiva.** Cuando el clima está húmedo o caliente, estas fugas de aire frío enfrían las superficies detrás de los muros y por encima de los cielorrasos, creando condensación y permitiendo el enmohecimiento. Durante el clima frío estas mismas fugas pueden forzar aire interior cálido y húmedo hacia cavidades frías donde se puede condensar y permitir crecimiento de moho y corroer los amarres estructurales.
- **Sistemas de enfriamiento demasiado grandes.** Cuando los sistemas de enfriamiento, más que los componentes de deshumidificación, se espera que controlen la humedad, la inclinación más común de los diseñadores es incrementar las toneladas de enfriamiento para remover las cargas combinadas sensibles y latentes. Pero los sistemas de enfriamiento sobrecargados tienen exactamente el efecto opuesto. Un sistema de enfriamiento de grande remueve la carga sensible normal muy rápidamente. Entonces, para evitar sobre enfriar el espacio, se apagan los compresores o se reduce el índice de flujo de agua fría antes que los serpentines puedan condensar suficiente humedad del ambiente para controlar la humedad en los materiales. En casi todos los casos, los sistemas de enfriamiento demasiado grandes no resuelven los problemas de control de humedad—al contrario, los causan.
- **Drenaje ineficiente de condensados se colectan dentro del sistema de HVAC o condensación en el exterior de las superficies frías y sin aislamiento del sistema.** Condensados sin drenar y sin colectar llevan a filtraciones de agua, goteos y daños subsecuentes provocados por la humedad en los materiales y riesgo de moho.
- **Fallas en la extracción de humedad interior de fuentes como duchas, baños, tinas de hidromasaje, piscinas y cocinas, especialmente en edificaciones residenciales e instalaciones deportivas.** El aire húmedo puede desplazarse desde estas fuentes a superficies frías, provocando la condensación o la casi-condensación y subsecuente crecimiento de moho y deterioro estructural.

Objetivos

Diseño del Sistema de HVAC – Objetivo 1: Mantenga el punto de condensación del aire interior lo suficientemente bajo para reducir el riesgo de condensación en superficies frías y el riesgo de absorción de la humedad en el ambiente por materiales orgánicos.

Diseño del Sistema de HVAC – Objetivo 2: Selle todas las conexiones de ductos para evitar que el aire exterior caliente y húmedo sea forzado hacia adentro de la edificación filtrándose en plenos de aire de retorno y extracción desbalanceada. Conexiones selladas también evitan la condensación causada por aire de suministro que escapa a través de las conexiones de ductos hacia espacios no acondicionados.

Diseño del Sistema de HVAC – Objetivo 3: Evite que los condensados de serpentines de enfriamiento rebosen las bandejas de drenaje y evite la condensación en la superficie externa de tuberías frías, válvulas, ductos, difusores y gabinetes de manejadoras de aire interior.

Diseño del Sistema de HVAC – Objetivo 4: Limite las cargas de humedad del ambiente interior mediante una ventilación de extracción efectiva—por medio de ductos con conexiones selladas—de duchas, tinas, cocinas, piscinas, tinas de hidromasaje y otras fuentes significativas de humedad en el aire. Balancee el aire de extracción con aire seco de reposición para evitar que la extracción fuerce aire exterior no acondicionado a través del cerramiento de la edificación.

Guía

Propietarios de edificaciones y diseñadores de HVAC notarán que esta guía es un resumen necesariamente breve de varias tareas complejas. Métodos más detallados para lograr estos objetivos se presentan en la guía ASHRAE *Humidity Control Design Guide for Commercial and Institutional Buildings [Guía de Diseño de Control de la Humedad para Edificaciones Comerciales e Institucionales].*

Diseño del Sistema HVAC – Objetivo 1: Mantenga el punto de condensación del aire interior lo suficientemente bajo para reducir los riesgos de condensación en superficies frías y de absorción de la humedad por materiales orgánicos.

Guía 1: Para una edificación con aire acondicionado, diseñe los sistemas de HVAC para incluir componentes de deshumidificación y un sistema de control que mantendrá el aire interior por debajo del punto de condensación a 55°F durante clima húmedo.

El aire interior mantenido por debajo del punto de condensación a 55°F no puede condensar humedad en el ambiente sobre ductos fríos que llevan aire de suministro a 55°F. Tampoco la humedad en el ambiente se condensará en superficies enfriadas por ese aire de suministro cuando sale de los difusores de aire de suministro. Y solo muy pequeñas cantidades de condensación, si es que la hay, se formará en tuberías de agua fría con aislamiento incompleto. Un control del nivel del punto máximo de condensación a 55°F provee un margen de seguridad apropiada para reducir el impacto de defectos en el diseño y construcción del cerramiento de la edificación, y minimiza el riesgo de condensación causado por las filtraciones menores de aire que son inevitables a través de las conexiones de los ductos.

Entre las técnicas efectivas de deshumidificación se encuentran:

- Secar todo el aire de ventilación en un sistema exterior para manejo de aire (DOAS) a un punto de condensación suficientemente bajo para remover las cargas de humedad generadas interiormente. Los DOAS también pueden ser designados para tener otros beneficios significativos de reducción de riesgos. Los DOAS pueden reducir el aire de ventilación en respuesta a una menor ocupación, lo que reduce en gran cantidad las cargas anuales de humedad, uso de energía y los riesgos asociados con la acumulación de la humedad. Durante las horas de ocupación las unidades exteriores para manejo de aire pueden ser usadas para proveer un leve exceso de aire seco de ventilación para que la mayoría de las filtraciones de aire en el cerramiento de la edificación sean de aire seco desplazándose hacia afuera, en vez de aire húmedo desplazándose hacia adentro. Colocando una conexión de aire de retorno con un regulador, el sistema puede mantener la edificación seca durante periodos desocupados por medio de recirculación, sin tener la necesidad ni de ventilar, ni de operar el sistema central de enfriamiento.
- Ordenar el sistema de enfriamiento principal para que la ventilación seca y el aire de retorno puedan suficientemente remover todas las cargas de humedad aun cuando los termostatos no estén activando el modo de enfriamiento. Este secado puede lograrse usando un serpentín separado de deshumidificación, o por un sistema de enfriamiento de aire de volumen variable. En ambos casos el serpentín de enfriamiento debe

mantenerse constantemente frío y no reiniciar a una temperatura más alta durante periodos de carga de calor sensible bajos. En un sistema de volumen variable, mantener el serpentín constantemente frío requerirá recalentar el aire de suministro en algunas zonas. Para cumplir con los códigos de energía y el *Estándar 90.1* de ASHRAE, la energía de recalentamiento debe venir de calor que de otra manera se desperdicie, como calor resultante de condensadores de refrigeración o calor del aire de extracción. También nótese que para evitar la pérdida de capacidad de deshumidificación, los serpentines de recalentado deben están colocados aguas abajo de los serpentines de deshumidificación. De otra manera la energía radiante de un serpentín de recalentamiento acoplado re-evaporará parte del agua condensada cuando gotee del serpentín de deshumidificación.

- Secar una porción del aire de retorno y de ventilación mezclados con un serpentín de enfriamiento secundario o un deshumidificador desecante que opere en respuesta a un alza en el punto de condensación interior. En este arreglo alternativo el aire seguirá un camino doble: parte de éste será secado por el serpentín secundario o el deshumidificador desecante y el resto sobrepasará los serpentines de enfriamiento principales a menos que haya una necesidad para enfriarlo. El recalentado o enfriado posterior generalmente no es requerido en este arreglo. Después que el aire seco se mezcla de nuevo con el aire de suministro, la mezcla mixta es lo suficientemente fría o caliente para en confort de los ocupantes.

Guía 2: Use las condiciones de diseño del punto de condensación máximo exterior—no los valores máximos de diseño de calor sensible—para estimar cargas de humedad cuando se dimensionen los componentes y sistemas de deshumidificación.

- Las fuentes más grandes de cargas de humedad en el ambiente son casi siempre el aire de ventilación, aire de reposición de la extracción, y el aire infiltrándose a través del cerramiento de la edificación. Estas cargas están al máximo cuando el aire exterior está a una temperatura moderada pero a un alto nivel de humedad. En esta condición de diseño de punto máximo de condensación exterior, las cargas de humedad son del 30 por ciento al 100 por ciento mayores que las cargas de humedad en las condiciones exteriores más calientes de bulbo seco. Entonces, para medir las cargas de deshumidificación y determinar el componente de desempeño, es muy importante usar las condiciones de diseño de punto máximo de condensación de ASHRAE y no las condiciones de diseño de enfriamiento máximo.
- Los puntos máximos de condensación junto con su rango de valores de humedad correspondientes para las localidades más importantes de Norteamérica e internacionales están disponibles en la guía ASHRAE *Humidity Control Design Guide [Guía de Diseño de Control de la Humedad de ASHRAE].* Esos datos y valores para muchas otras localidades ahora también aparecen en el Capítulo 14 de ambas ediciones, impresa y electrónica del 2009 *ASHRAE Handbook—Fundamentals [Manual de ASHRAE 2009—Fundamentos]*, como se muestra en la Figura 2-17.

Guía 3: Limite la operación de cualquier economizador que utilice aire exterior por lo que se abre solamente cuando el punto de condensación del aire exterior esté por debajo de los 55°F.

- Los economizadores de aire exterior han sido responsables de problemas significativos relacionados con la humedad en las edificaciones, especialmente escuelas y bibliotecas que requieren solamente un enfriamiento moderado durante periodos largos de desocupación—una tarea muy adecuada para enfriar con aire exterior. Sin embargo, a menos que el aire exterior esté seco además de frío, la masa de aire llevado hacia adentro durante el ciclo economizador agrega una cantidad enorme de humedad al edificio y sus contenidos. Controlar el economizador con un control por entalpia no resuelve el problema porque la humedad del ambiente exterior puede ser demasiado alta aun cuando su entalpia es menor que la interior.
- Un economizador que utilice aire exterior es todavía un recurso útil de ahorro de energía en climas menos húmedos. Pero la decisión de usar el aire exterior para enfriamiento debe tomarse basándose en el punto de condensación del aire exterior así como en la temperatura de bulbo seco exterior. Un punto de condensación máximo de 55°F es una buena regla general. Si el punto de condensación exterior es por encima de los 55°F, no use el aire exterior para enfriamiento, aun si su temperatura de bulbo seco o su entalpia está por debajo del valor interior.

Guía 4: Diseñe el Sistema para mantener el punto de condensación en el interior cerca a o por debajo de los 35°F cuando la temperatura exterior cae por debajo del punto de congelación.

- Para limitar el riesgo de daños por humedad y enmohecimiento, los requerimientos básicos de control de la humedad en el invierno es evitar la condensación dentro del muro exterior frio. El punto de condensación interior máximo más apropiado en el invierno depende de la duración y severidad anual del clima frío en el sitio, y en el diseño y construcción de la envolvente de la edificación y sus vidriados.
- Puntos de condensación más altos en interiores, proveen más confort durante el verano, pero puntos de condensación más bajos son mejores para evitar la condensación en superficies frías sobre y en el interior de muros exteriores. Un punto de condensación máximo de 35°F durante el clima del invierno es un compromiso prudente entre estos dos objetivos opuestos para la mayoría de edificaciones comerciales e institucionales. Ese nivel esta en el límite más bajo de la zona térmica de confort de invierno como definido tradicionalmente en el *Estándar 55* de ASHRAE. Y como se anota en la guía de ASHRAE *Humidity Control Design Guide*

Figura 2-17 Datos de Puntos Máximos de Condensación están Disponibles en el Capítulo de Información de Diseño Climático del *Handbook—Fundamentals*

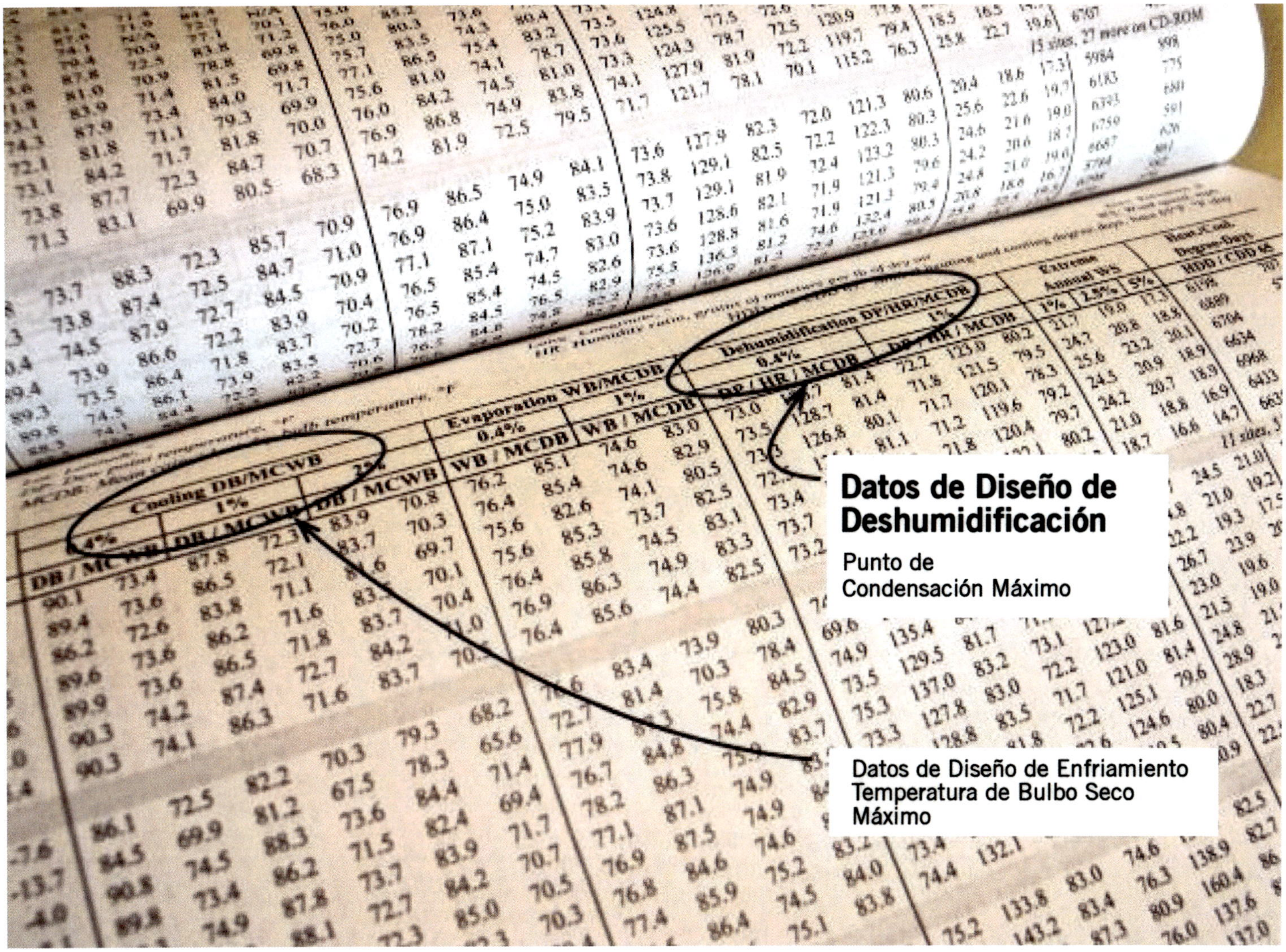

NOTA: La edición impresa de la edición de ASHRAE Fundamentals 2005 no contenía estos valores, pero están disponibles en el disco compacto que la acompaña. La edición impresa de Fundamentals 2001 contiene los valores del punto máximo de condensación para un grupo más limitado de ubicaciones, como contenidos en la edición 1997. Sin embargo, considere que la edición de ASHRAE Fundamentals 1993 y ediciones anteriores no contienen los valores del punto máximo de condensación—solamente para extremos sensibles de diseño de enfriamiento, que tienen niveles más bajos de humedad absoluta que las condiciones de punto máximo de condensación. Note que las diferentes ediciones de ASHRAE Fundamentals están solamente disponibles en inglés.

[Guía de Diseño para Control de la Humedad], un punto de condensación de 35°F es aun lo suficientemente alto para ayudar a limitar las incomodas descargas electrostáticas y la irritación de los ojos para la población en general.

- Los museos, piscinas de interior y hospitales son la excepción; todos tienen puntos de condensación mucho más altos en el invierno por razones importantes. Estos recintos requieren una cuidadosa atención a la hermeticidad del aire en el lado interior, y retardadores de vapor en la superficie interior de muros exteriores para limitar el alto riesgo de problemas de humedad provocada por la condensación del invierno.
- Para cualquier tipo de edificación en una zona de clima de frio extremo; las más horas que esté por debajo del punto de congelación, lo más importante será analizar cuidadosamente el potencial de condensación del muro exterior y los diseños del vidriado e instalar barreras continuas de aire y de vapor dentro del aislamiento de la edificación. Los cerramientos de edificaciones con un mejor aislamiento y más herméticos pueden tolerar puntos de condensación más altos en interiores para mejorar el confort de los ocupantes.
- La mayoría de las edificaciones no están mecánicamente humidificados durante el invierno, pero en algunos casos la humidificación es útil y necesaria. Cuando la edificación es humidificada, el diseñador debe recordar el consejo de los fabricantes de humidificadores, que es también reiterado en la guía de ASHRAE *Humidity Control Design Guide [Guía de Diseño para Control de la Humedad]*. Específicamente, considere dividir la capacidad de humidificación requerida entre varias unidades en diferentes etapas, en lugar de instalar solo una unidad de gran tamaño. Los fabricantes de humidificadores advierten que los problemas de humedad en las edificaciones son a veces causados por humidificadores que son tan grandes que no pueden ser controlados en su capacidad de operación más baja. Estas unidades pueden producir sobrecargas de vapor de agua en el aire de suministro, causando la condensación, acumulación de humedad y fugas de agua de los ductos.

Diseño del Sistema de HVAC – Objetivo 2: Evite que aire exterior caliente y húmedo sea admitido en la edificación por fugas en conexiones de ductos de aire de retorno, fugas de plenos de aire de retorno y extracción desbalanceada. Evite la condensación causada por aire de suministro escapando a través de conexiones de ductos.

Guia 1: Especifique que todas la conexiones de ductos en las partes de aire de suministro y aire de retorno estén sellados con mástique bajo los estándares establecidos por la *[Guía de Inspección de Sistemas de Ductos de HVAC]* para ductos de alta presión (Sello Clase A).

- Ductos y sus conexiones no necesitan estar construidos para resistir presiones altas si estos no están operando bajo presión alta. Sin embargo, todas las conexiones de ductos, especialmente donde los ductos se encuentran con las manejadoras de aire, deben estar selladas fuertemente con mástique. NOTA: cambios recientes en códigos de energía de varios estados han hecho esta guía obligatoria. El requerimiento está basado en ahorros considerables de energía y en reducción de tamaño de los equipos siendo esto posible al evitar las fugas de aire hacia adentro y hacia afuera de los ductos.

Guía 2: Especifique que todas las juntas y aberturas de todos los plenos de aire de retorno estén sellados con sellador contra incendios o humo para que el pleno este abierto al flujo de aire solo desde adentro del espacio ocupado al que da servicio—y que especialmente no esté abierto a derrames hacia el interiores proviniendo de muros externos, espacios angostos o sótanos.

- Una área típica de problema es un muro exterior donde el panel de muro de yeso no se extiende hasta arriba para sellarse contra la parte inferior del piso o techo de arriba. Estas aberturas hacia la parte interna del muro exterior deben estar taponadas con material de relleno como aislamiento de fibra de vidrio y luego selladas con recubrimientos conformales aplicados en líquido, como selladores para fuego o humo.
- En edificaciones comerciales, las unidades de aire acondicionado montadas sobre techos están a menudo montadas en bordillos encima de plenos de aire de retorno. La junta entre el bordillo y la unidad debe estar fuertemente sellada porque es efectivamente parte del sistema de ductos.
- Los códigos de protección contra incendios algunas veces permiten que rozas verticales de tuberías sean usadas como ductos de aire de retorno, una situación que puede ser encontrada en construcciones de bajo costo. El volumen de aire que se fuga en esas rozas es posible que sea extremo, sin embargo, y posible que venga de lugares indeseables como sótanos y espacios angostos, cagando el aire de retorno con humedad, partículas y contaminantes microbiológicos. Para

evitar problemas, el diseñador debe insistir en que todos los espacios usados como ductos de aire estén sellados y probados en su hermeticidad al aire.

- En construcciones de baja altura, por ejemplo escuelas, oficinas y centros comerciales en línea, las juntas entre los muros exteriores y el techo a menudo incluyen un sofito abierto bajo los aleros. Un pleno de aire de retorno que puede admitir aire a través de ese sofito se convierte, por accidente, en un sistema de aire completamente exterior. Cualquier edificación que tiene un sofito requiere atención especial del diseñador de HVAC para asegurar que el aire de retorno es tirado desde el espacio ocupado y no del exterior.

Guía 3: Diseñe los sistemas para manejar las relaciones de presión de aire interior-aire exterior. Si un cerramiento de edificación ha sido diseñado y construido con una barrera de aire efectiva, capas de aislamiento continuas, y control de agua de lluvia como se requiere en esta guía, entonces para ocupaciones comunes los problemas relacionados con el cerramiento no son muy sensibles a relaciones de presión interior-presión exterior. En climas cálidos y húmedos (Ver mapa de zonas climáticas, Figura 2-5) mantener una presión ligeramente positiva durante condiciones de enfriamiento provee extra protección contra la condensación en el cerramiento de la edificación.

Para crear una presión ligeramente positiva, sume todos los volúmenes de aire de todas las zonas que sirve un solo sistema. Diseñe el sistema de aire acondicionado para esas zonas de forma que el total del aire seco de reposición/ventilación exceda el total de extracción de esas áreas en un 5 a 10 por ciento. Balancee los flujos de aire de ventilación y extracción durante clima húmedo para que la edificación se quede, en promedio ligeramente bajo presión de aire positiva (5 Pa o 0.02" WC). Use aire de ventilación seco para lograr esta presión ligeramente positiva.

Mantener una presión positiva en promedio puede también ser lograda más explícita y automáticamente colocando sensores para medir la diferencia de presión entre el interior y el exterior y usando esa señal para controlar una compuerta de regulación del flujo de aire en edificaciones pequeñas y uno o más ventiladores de alivio en edificaciones más grandes. Un sistema de control de la presión como ese hace más fácil para que el personal de operaciones de la edificación revierta la dirección de la diferencia de presión para su operación durante el invierno.

- Cuando la temperatura del aire exterior está por debajo del punto de congelación y la humedad relativa interior debe ser mantenida por sobre el 35 por ciento, hay ventajas cuando se opera bajo presión del aire neutral o ligeramente negativa de forma que el aire interior húmedo no sea forzado hacia las cavidades frías del muro exterior, donde puede condensar la humedad.
- Note que algunas edificaciones como hospitales, museos y edificios de gran altura, así como áreas como refrigeradores de cabina, y piscinas interiores requieren cuidado especial en relación al balance de aire. Sus necesidades especiales y en ocasiones críticas de diferencias específicas de presión entre espacios necesita consultarse con referencias especificas a esa industria para una guía mas detallada y apropiada.

Diseño del Sistema HVAC – Objetivo 3: Evite que los condensados normales de serpentines de enfriamiento rebosen las bandejas de drenaje y evite la condensación en el exterior de tuberías frías, válvulas, ductos, difusores y manejadoras de aire interior de gabinete, como se recomienda en el *Estándar 62.1* de ASHRAE.

Guía 1: Especifique que todos los serpentines de enfriamiento estén equipados con bandejas de drenaje de condensados que tienen las siguientes características:

- La bandeja es suficientemente grande en dirección del flujo del aire para atrapar cualquier condensado que se separe del serpentín en condiciones de mucha condensación.
- La bandeja drena desde su punto más bajo y se inclina hacia el punto más bajo desde dos direcciones para asegurar que nunca hay agua estancada en la bandeja.
- Cualquier bandeja de drenaje que no tiene una bomba de condensación está equipada con una trampa en la línea de drenado lo suficientemente profunda para asegurar que el agua no se queda en la bandeja de drenaje cuando el ventilador esta en operación.
- La trampa está ventilada en el lado de la salida para asegurar que el flujo de taponeo en la tubería de condensación aguas abajo no hace sifón de agua hacia afuera del fondo de la trampa.

- La línea de drenaje de condensación y trampa son accesibles y removibles para permitir la limpieza con un cepillo.
- Espacios libres alrededor de los ductos y puertas de acceso a los ductos permiten inspecciones regulares y limpieza de la bandeja de drenaje de condensados.

Guía 2: Especifique que todas las caras interiores de ductos o plenos localizados inmediatamente aguas debajo de serpentines de enfriamiento estén recubiertos con un material liso, lavable, impermeable al agua para evitar la acumulación de humedad y suciedad en esas superficies. Una regla general prudente es tener una superficie impermeable y lavable por al menos los primeros 10 pies aguas abajo de los serpentines de deshumidificación. También especifique que:

- Cualquier junta en la cubierta impermeable a la humedad este sellada herméticamente.
- El ducto de salida o pleno está equipado con una puerta con empaques suficientemente grande para permitir el acceso adecuado para inspeccionar y limpiar las superficies del ducto aguas abajo.

Guía 3: Diseñe el plano del componente para que los filtros sean colocados ya sea aguas arriba de los serpentines de enfriamiento o lo suficientemente lejos aguas abajo para que no acumulen gotas de humedad arrancadas del serpentín durante períodos de mucha condensación. Para serpentines previstos principalmente como componentes de deshumidificación, especifique:

- Las aletas del serpentín a no más de 4 pies de altura del fondo de la bandeja de drenaje, la velocidad de entrada menor a los 400 pies por minuto, y el espaciado de ocho aletas por pulgada para minimizar la acumulación de agua en las aletas y su subsecuente goteo llevado hacia el aire de suministro bajo condiciones de alta condensación.
- Acceso para mantenimiento aguas arriba del serpentín a través de una o más puertas selladas con empaques que estén suficientemente grandes para permitir la limpieza a lo largo y ancho de todo el serpentín.

Diseño del Sistema HVAC – Objetivo 4: Limite cargas de humedad en interiores mediante una ventilación de extracción efectiva—a través de ductos con conexiones selladas—de duchas, tinas, cocinas, piscinas, tinas de hidromasaje, y cualquier fuente significativa de humedad en interiores.

Guía 1: Provea ventilación de extracción de fuentes de mucha humedad (p. ej., duchas y tinas de baño, tinas de hidromasaje, lavavajillas comerciales y artefactos de combustión), como se recomienda en *ASHRAE 62.1* y *ASHRAE 62.2*. Además:

- Especifique el sellado de todas las conexiones de ductos de extracción de aire a SMACNA clase de sellado A usando mástique. Ponga atención especial a las juntas donde los ductos se conectan con el collar de la rejilla de extracción y a las entradas y salidas de compartimientos de ventiladores. Este sellado es importante para todos los ductos de extracción en todas las edificaciones que tienen ventiladores de extracción operando continuamente, como los de los baños de hoteles y edificaciones de cuidado de personas mayores. Muchas de estas edificaciones han tenido frecuentemente problemas de moho como resultado directo de fugas en las conexiones de ductos de extracción. Estas fugas crean una succión que hace que entre el aire húmedo en la edificación donde su humedad se condensa o se absorbe en los paneles fríos de los muros y en losetas de cielorrasos y accesorios donde la humedad produce enmohecimiento.
- Para ductos de extracción de cocinas comerciales, spas, piscinas, duchas de gimnasios y otros espacios calientes de alta humedad, se requiere aislamiento en los ductos para evitar condensación interna. Especifique aislamiento similar par ductos de extracción de salas de baño y cocinas en viviendas en climas fríos, porque el punto de condensación en el aire de extracción es posible sea más alto que las temperaturas frías del aire interior en cavidades sin calefacción y áticos por donde pasan los ductos en su trayecto hacia el exterior.
- Diseñe ductos de extracción para que terminen dando al exterior y no a áreas no acondicionadas interiores como áticos y espacios angostos debajo del piso.
- No termine el ducto de extracción dirigiendo el aire de extracción a través de sofitos bajo aleros ventilados. El aire caliente y húmedo se elevará rápidamente y reentrará el espacio del ático a través de las los conductos de ventilación cercanas al mismo sofito, provocando enmohecimiento en el ático y en la superficie interior del techo.

Control del Punto de Condensación de la Temporada de Frío

- Explique en el diseño las especificaciones de operación del aire acondicionado y equipo de deshumidificación en condiciones de punto de condensación de diseño y la remoción de humedad esperada bajo esas condiciones, expresándolas en libras de vapor de agua removidas por hora.
- Requiera que el proveedor del sistema o componente de deshumidificación provea documentación escrita del desempeño del equipo—incluyendo las libras de vapor de agua removidas por hora, el total de flujo de aire, y la temperatura del aire cuando sale del artefacto—cuando el sistema está operando condiciones del punto máximo de condensación exterior. Estas condiciones siempre serán de cargas de calor sensible reducidas, de esa forma los datos de condiciones de punto máximo de condensación entregado por el proveedor darán un panorama del comportamiento del sistema de operación completo bajo condiciones de calor sensible parcial—condiciones de temperatura que ocurren en miles de horas, más que en decenas de horas, cada año.
- Requiera que el sistema de deshumidificación sea probado, ajustado y balanceado y que los reportes de ese proceso verifican y documentan el desempeño del sistema después que el sistema está en operación. Cómo mínimo, mida y documente el flujo a través del dispositivo de aire de diseño con el actual y los rangos de temperatura y humedad del aire cuando entra y sale del dispositivo, luego calcule el desempeño del equipo en libras por hora de vapor de agua removido.
- Requiera que el flujo del aire del economizador, y la operación del regulador de ventilación sean probados, ajustados y balaceados y requiera informes del proceso que verificará y documentará el índice de flujo de aire del economizador. El informe de Prueba, Ajuste y Balance (TAB) debe también confirmar que se ha visto que el regulador de ventilación economizador se abre correctamente y que los reguladores de ventilación y los controles de puntos de reinicio permiten operar al economizador solo cuando el punto de condensación del aire exterior es más bajo de 55°F.

Control de la Condensación en Invierno

- Diseñe la instalación alrededor del humidificador en estricto acuerdo con las recomendaciones del fabricante para aislamiento exterior y para secciones longitudinales de ductos rectos aguas abajo sin obstrucción para una absorción completa del vapor. También asegúrese que los controles permiten una modulación exenta de problemas de producción de humedad hasta el 20 por ciento de la capacidad máxima de diseño del equipo.
- Requiera que todos los humidificadores y su sistema de control sea probado, ajustado y balanceado y que todos los ductos aguas abajo sea revisado para condensación durante las horas de operación del humidificador. Requiera informes que midan y verifiquen el total de flujo del aire y los índices de temperatura y humedad de aire entrante y saliente.

Distribución del Aire

- **Requerimientos mínimos:** Requiera que el contratista general inspeccione todos los lados de todas las juntas entre ductos y manejadoras de aire y que provea un informe por escrito que todos los lados de las juntas y de las manejadoras de aire están selladas con mástique. También requiera que el instalador certifique que todas las otras juntas en el sistema han sido selladas con mástique.
- **Requerimiento de solidez:** Requiera que el Sistema completado, incluyendo las manejadoras de aire, sean probadas para su hermeticidad de aire de acuerdo con los requerimientos de SMACNA para edificios comerciales o con las recomendaciones de la Air Conditioning Contractors Association [Sociedad de Contratistas de Aire Acondicionado] (ACCA) para edificaciones residenciales. Requiera un informe por escrito de los valores de fugas de aire medidos de acuerdo con las recomendaciones de esas organizaciones.
- Requiera que el contratista de HVAC inspeccione todos los lados de los plenos de aire de retorno y provea un reporte escrito, incluyendo fotografías, que documente que todas las juntas y aberturas están efectivamente selladas.
- Requiera que el reporte por escrito del TAB asegure que todas las juntas de los ductos de extracción,

y especialmente sus conexiones a las rejillas de extracción y ventiladores de extracción han sido inspeccionadas para confirmar que han sido selladas con mástique.

- Requiera que los sistemas de aire acondicionado y extracción sean probados, ajustados y balanceados.
- Incluya en el proceso TAB un mapa de presurización de la edificación durante los modos de operación de la calefacción y enfriamiento documentando las diferencias de presión interior-exterior durante el curso de las secuencias diarias.
- Requiera reportes del proceso TAB que verificará y documentará los sistemas de flujo de aire después que el sistema está funcionando.

REFERENCIAS

Advanced Energy. 2003. *Closed Crawl Spaces: A Quick Reference for the Southeast.* Consultado el 6 de Noviembre de 2013. www.crawlspaces.org.
(Este documento condensado provee detalles e información técnica para el diseño y construcción de espacios angostos residenciales, cerrados y aislados. Los reportes de investigación completos en los que se basan las recomendaciones para espacios angostos también pueden encontrarse en el sitio www.crawlspaces.org. Aunque la investigación fue hecha en Carolina del Norte, muchos de los resultados pueden aplicarse a otros climas.)

ACCA (Air Conditioning Contractors of America). 1995. *Manual D: Residential Duct Systems, Second Edition.* Arlington, VA: ACCA.
(Esta guía para diseño de ductos e instalación es la base para los códigos de edificación en varios estados y es un estándar nacional aprobado por ANSI.)

Air Tightness Testing and Measurement Association. 2006. *Technical Standard 1 Measuring Air Permeability of Building Envelopes.*

ANSI/AMCA (American National Standards Institute/Air Movement and Control Association). 2007. *AMCA Standard 500-L-07, Laboratory Methods of Testing Louvers for Rating.* AMCA.

ASHRAE (American Society of Heating, Refrigerating and Air-Conditioning Engineers). 2013. *Standard 90.1-2013, Ventilation and Acceptable Indoor Air Quality in Low Rise Residential Buildings.* Atlanta, GA: ANSI/ASHRAE/IES.
(Este estándar provee los requerimientos mínimos para el diseño para la eficiencia energética de todas las edificaciones, exceptuando edificaciones residenciales de baja altura.)

ASHRAE (American Society of Heating, Refrigerating and Air-Conditioning Engineers). 2016. *Standard 62.2-2016, Ventilation and Acceptable Indoor Air Quality in Low Rise Residential Buildings.* Atlanta, GA: ANSI/ASHRAE/IES.
(Este estándar aplica a edificaciones residenciales de baja altura. Los sistemas de extracción se tratan en partes de las secciones 5, 6 and 7.)

ASHRAE (American Society of Heating, Refrigerating and Air-Conditioning Engineers). 2016. *Standard 62.1-2016, Ventilation for Acceptable Indoor Air Quality.* Atlanta, GA: ANSI/ASHRAE/IES.
(El estándar de ventilación de ASHRAE provee la información necesaria para determinar los índices de ventilación para ocupaciones diferentes además de una cantidad de requerimientos de diseño de operación y mantenimiento para asegurar el desempeño adecuado del equipo de ventilación. La Sección 6.2.8 trata específicamente la ventilación de extracción. El Estándar 62.1 aplica a muchas situaciones.)

ASHRAE (American Society of Heating, Refrigerating and Air-Conditioning Engineers). 2008. *Standard 160P, Design Criteria for Moisture Control in Buildings.* Atlanta, GA: ANSI/ASHRAE.

ASTM (American Society for Testing and Materials) D01.28 Technical Subcommittee. 2012. *ASTM D3273-12, Standard Test Method for Resistance to Growth of Mold on the Surface of Interior Coatings in an Environmental Chamber.* West Conshohocken, PA: ASTM International.

ASTM (American Society for Testing and Materials) D01.28 Technical Subcommittee. 2013. *ASTM D7855-13, Standard Test Method for Determination of Mold Growth on Coated Building Products Designed for Interior Applications Using an Environmental Chamber and Indirect Inoculation.* West Conshohocken, PA: ASTM International.

ASTM (American Society for Testing and Materials) E06.41 Technical Subcommittee. 2003. *ASTM E1554-03, Standard Test Methods for Determining External Air Leakage of Air Distribution Systems by Fan Pressurization.* West Conshohocken, PA: ASTM International.

ASTM (American Society for Testing and Materials) E06.41 Technical Subcommittee. 2010. *ASTM E779-10, Standard Test Method for Determining Air Leakage Rate by Fan Pressurization.* West Conshohocken, PA: ASTM International.

Atlanta Regional Commission. 2001. *Georgia Stormwater Management Manual, Volume 2: Technical Handbook, First Edition.*
(El Volumen 2 de este Instructivo Técnico provee direcciones en las técnicas y medidas que pueden ser implementadas para cumplir un conjunto de estándares mínimos para el manejo de aguas de tormenta para nuevos desarrollos y reurbanizaciones. El Volumen 2 está diseñado para proveer al diseñador o ingeniero del sitio con información requerida para tratar y controlar efectivamente ambas, la calidad y cantidad del agua en un sitio de desarrollo. Este incluye direcciones en mejores prácticas de diseño del sitio, criterios para la selección y diseño de controles de agua de tormenta estructurales, diseño y construcción del sistema de drenaje e información de mantenimiento.)

Baker, M. C. 1972. "Drainage From Roofs." *Canadian Builders Digest.* 151. Ottawa.
(Este compendio trata en general techos y drenaje de techos y destaca diversas consideraciones de diseño de drenajes de techos.)

Brennan, T., J. B. Cummings, and J. Lstiburek. 2002. "Unplanned Airflows and Moisture Problems." *ASHRAE Journal.* November 2002: 44–49.
(Este artículo revisa las dinámicas de la humedad causadas por flujos de aire no planeados durante los modos de calefacción y enfriamiento, y trata las intervenciones que pueden hacerse para prevenir o resolver problemas.)

Building Science Corporation. 2005. *Read This Before You Design, Build or Renovate.* Consultado el 6 de Noviembre de 2013. www.buildingscience.com/documents/guides-and-manuals/gm-read-this-before-you-design-build-renovate.
(Este folleto ofrece direcciones sobre prácticas de remodelación que promueven casas saludables reduciendo el riesgo de exposición a peligros comunes a los ocupantes. Estas prácticas también frecuentemente producen otros beneficios como mayor durabilidad y reducción de costos de operación.)

CMHC (Canada Mortgage and Housing Corporation). 1997. *Best Practice Guide: Building Technology—Brick Veneer Concrete Masonry Unit Backing.* CMHC.

CMHC (Canada Mortgage and Housing Corporation). 2002. *Best Practice Guide: Building Technology—Architectural Precast Concrete: Walls and Structure.* CMHC.

CMHC (Canada Mortgage and Housing Corporation). 2003. *Best Practice Guide: Building Technology—Fire and Sound Control in Wood-Frame Multi-Family Buildings.* CMHC.

CMHC (Canada Mortgage and Housing Corporation). 2004. *Best Practice Guide: Building Technology—Glass and Metal Curtain Walls.* CMHC.

CMHC (Canada Mortgage and Housing Corporation). 2006. *Best Practice Guide: Building Technology—Brick Veneer Steel Stud.* CMHC.

CMHC (Canada Mortgage and Housing Corporation). 2006. *Best Practice Guide: Building Technology—Flashings.* CMHC.

CMHC (Canada Mortgage and Housing Corporation). 2006. *Best Practice Guide: Building Technology—Wood Frame Envelopes.* CMHC.

CMHC (Canada Mortgage and Housing Corporation). 2006. *Best Practice Guide: Building Technology—Wood-Frame Envelopes in the Coastal Climate of British Columbia.* CMHC.

Connecticut Department of Environmental Protection. 2004. *Connecticut Stormwater Quality Manual.* Edited by J. A. Rothchild. Hartford: Connecticut Department of Environmental Protection.
(Este manual provee dirección en las medidas necesarias para proteger las aguas de los impactos adversos de las aguas de tormentas después de la construcción. Las direcciones son aplicables a nuevos desarrollos, reurbanización, y renovaciones a desarrollos existentes. El manual se enfoca en planeación del sitio, control de las fuentes, prevención de polución, y prácticas de tratamiento de aguas de tormenta.)

Department of the Army. 1994. *Site Planning and Design, TM 5-803-6.* Consultado el 6 de Noviembre de 2013. www.wbdg.org/ccb/ARMYCOE/COETM/ARCHIVES/tm_5_803_14.pdf.
(Este manual técnico describe los procesos de diseño y planeación del sitio, usados para desarrollar un proyecto para cumplir los requerimientos de las instalaciones y crear una relación óptima con el sito natural. El manual se enfoca en los procesos de planeación y diseño mientras conduce desde el análisis del programa y del sitio hasta la preparación de un plan del sitio conceptual.)

Ferguson, B. K. 2005. *Porous Pavements.* Boca Raton: CRC Press/Taylor & Francis.
(Este libro provee una guía exhaustiva y relata casos de diseño, construcción y mantenimiento, basado en 25 años de experiencia práctica con pavimentos porosos, su hidrología y su relación con el drenaje de aguas de tormenta y manejo de aguas superficiales para edificaciones, caminos, estacionamientos, y vegetación en áreas verdes.)

Fraunhofer Institute of Building Physics. 2013. "WUFI." Consultado el 6 de Noviembre. https://wufi.de/en/.
(Software de modelación higrotérmica para evaluar las dinámicas del vapor de agua en muros y sistemas de techo en climas diversos. WUFI está disponible en el Fraunhofer Institute of Building Physics [www.hoki.ibp.fraunhofer.de/] en Alemania. Una versión limitada del WUFI esta disponible gratuitamente en el Oak Ridge National Laboratory [www.ornl.gov/sci/btc/apps/moisture/] y ORNL da capacitación en el uso de WUFI.)

Gatley, D. P. 2000. "Dehumidification Enhancements for 100-Percent-Outside-Air AHU's: Enthalpy Heat Exchange, the Use of Desiccants, and Vapor Compression Dehumidifiers Are Cost Effective Ways to Maintain Healthy and Comfortable Buildings, Part 2." *HPAC Heating/Piping/Air Conditioning Engineering*. November: 51-59.
(Esta serie de artículos en tres partes describe los fundamentos psicrométricos en la ventilación de edificaciones y provee direcciones de diseño para varios métodos para mejorar el desempeño de la deshumidificación de sistemas de aire acondicionados y de ventilación.)

Gatley, D. P. 2000. "Dehumidification Enhancements for 100-Percent-Outside-Air AHU's: Recuperative Heat Exchange Is an Energy-Efficient Way to Accomplish Reheat While Also Reducing Cooling Capacity, Part 2." *HPAC Heating/Piping/Air Conditioning Engineering.* October: 51–59.
(Esta serie de artículos en tres partes describe los fundamentos psicrométricos en la ventilación de edificaciones y provee direcciones de diseño para varios métodos para mejorar el desempeño de la deshumidificación de sistemas de aire acondicionados y de ventilación.)

Gatley, D. P. 2000. "Dehumidification Enhancements for 100-Percent-Outside-Air AHU's: Simplifying the Decisionmaking Process, Part 1." *HPAC Heating/Piping/Air Conditioning Engineering.* September: 27–32.
(Esta serie de artículos en tres partes describe los fundamentos psicrométricos en la ventilación de edificaciones y provee direcciones de diseño para varios métodos para mejorar el desempeño de la deshumidificación de sistemas de aire acondicionados y de ventilación.)

Harriman, L., G. Brundrett and R. Kittler. 2001. *Humidity Control Design Guide for Commercial and Institutional Buildings (ASHRAE Humidity Control Design Guide).* Atlanta, GA: ASHRAE.
(Este manual de la ASHRAE es un esfuerzo para expandir el diseño de equipos de enfriamiento para incluir el desempeño de la deshumidificación. El análisis de diseño incluye el desempeño del punto de condensación pico del aire exterior, así como el análisis de la temperatura pico exterior.)

Henderson, H. I., D. B. Shirey, and R. A. Raustad. 2003. "Understanding the Dehumidification Performance of Air Conditioning Equipment at Part-Load Conditions." Presentación en la Conferencia de CIBSE/ASHRAE en Edinburgh, Scotland, del 24 a 26 de Septiembre de 2003.
(Este reporte técnico presenta un análisis y datos acerca de la degradación del desempeño deshumidificador en equipos de aire acondicionado durante condiciones parciales de carga de calor sensible. Se exponen los controles and sistemas que contribuyen a este problema.)

ICC (International Code Council). 2012. *International Building Code 2012.* ICC.
(El Capítulo 18 provee los requerimientos del código para suelos y fundaciones incluyendo requerimientos para excavaciones, nivelado y relleno alrededor de fundaciones. La Sección 1203.3.1 contiene requerimientos para espacios angostos ventilados.)

ICC (International Code Council). 2012. *International Energy Conservation Code 2012.* ICC.
(El IECC trata la eficiencia energética en casas y edificios. IECC es el sucesor del Model Energy Code [Codigo Modelo de Energía] [MEC] del consejo American Building Code Officials [CABO]. El IECC se revisa en ciclos de 3 años con un suplemento emitido a la mitad del ciclo. Revisiones al código ocurren mediante un proceso abierto de audiencias públicas, y cada código o suplemento es nombrado por el año en que ha sido adoptado [por.ej., 2006 IECC].)

ICC (International Code Council). 2012. *International Plumbing Code 2012.* ICC.
(El Capítulo 11 provee los requerimientos del código para drenaje de agua de tormentas, incluyendo requerimientos para el drenaje de techos. Las Secciones 312.2 a 312.5 especifican una prueba por gravedad de drenajes y ventilación de los sistemas sanitarios.)

IRC (Institute for Research in Construction). 2013. "*Hyg*IRC." Consultado el 6 de Noviembre. archive.nrc-cnrc.gc.ca/eng/projects/irc/hygirc.html.
(*Hyg*IRC es un sofisticado modelador que esta activamente apoyado por el IRC. Talleres disponibles. Cómo WUFI y MOIST, *Hyg*IRC asume que no hay flujo de aire a través del ensamblaje.)

Kanare, H. 2005. *Concrete Floors and Moisture.* Skokie, Illinois: Portland Cement Association.

Lstiburek, J. 2004. "Understanding Retarders." *ASHRAE Journal.* August 2004.
(Este artículo del ASHRAE Journal trata los principios básicos de retardadores de vapor en edificaciones.)

Lstiburek, J. 2004. "Understanding Vapor Barriers." *ASHRAE Journal.* 46: 40.
(Este artículo de ASHRAE describe las dinámicas del vapor de agua en secciones de muros y provee un diagrama de flujo para seleccionar materiales para el interior y el exterior de cavidades de muros que tienen la permeabilidad apropiada para climas específicos. Los ensamblajes pueden estar diseñados sin recurrir a simulaciones computarizadas.)

Lstiburek, J. 2006. "Understanding Attic Ventilation." *ASHRAE Journal.* 48: 36.
(Este artículo del ASHRAE Journal trata los principios fundamentales de la ventilación de áticos en edificaciones.)

Lstiburek, J. 2006. "Understanding Basements." *ASHRAE Journal.* 48: 24.
(Este artículo identifica problemas de control de la humedad que se observan a menudo en sótanos y soluciones a esos problemas.)

Lstiburek, J. 2006. "Understanding Drain Planes." *ASHRAE Journal.* 48: 30.
(Este artículo del ASHRAE Journal trata los principios fundamentales del control del agua de lluvia en edificaciones, enfocándose en el uso de materiales resistentes al agua que proveen drenaje traslapado por debajo de los materiales de enlucidos.)

National Asphalt Pavement Association. 2016. *National Asphalt Pavement Association.* www.asphaltpavement.org.
(La National Asphalt Pavement Association [Asociación Nacional de Pavimentación de Asfalto] es una asociación gremial que provee materiales técnicos, educativos, y promocionales, e información a sus clientes, y provee información técnica concerniente a materiales de pavimentación.)

NCARB (National Council of Architectural Registration Boards). 2005. *Mold and Moisture Prevention.* Edited by J. D. Odom and G. H. DuBose. Washington, D.C.
(Este manual es la 17ava. monografía del Programa de Desarrollo Profesional de la NCARB. Describe problemas de humedad y enmohecimiento en edificaciones, consideraciones específicas de diseño y construcción para cerramientos y sistemas de HVAC y su relación con problemas de humedad enmohecimiento.)

NIBS (National Institute of Building Sciences). 2013. *Building Envelope Design Guide (Whole Building Design Guide).* Consultado el 6 de Noviembre. www.wbdg.org/design/envelope.php.
(NIBS, bajo dirección de su Federal Envelope Advisory Committee, ha desarrollado esta exhaustiva guía para el diseño y construcción de la envolvente exterior para edificaciones comerciales e institucionales. Se incluyen ejemplos de especificaciones y secciones.)

NIST (National Institute of Standards and Technology). 2013. "MOIST." Consultado el 6 de Noviembre de 2013. www.nist.gov/el/highperformance_buildings/performance/moist.cfm.
(MOIST es un programa de modelaje higrotermico disponible para descargarse gratuitamente del National Institute of Standards and Technology. Los cálculos kernel en MOIST no son tan complejos como en *Hyg*IRC o WUFI, pero es significativamente mejor que los cálculos simplificados de perfil de temperatura-estado constante de punto de rocío. Provee un análisis de red térmica, incluye ganancias de irradiación solar (pero no agua de lluvia o fugas en tuberías), desplazamiento capilar, desplazamiento de vapor impulsado por presión parcial. Cómo WUFI y *Hyg*IRC, MOIST no modela los efectos de flujo de aire.)

Rose, W. B. 2005. *Water in Buildings: An Architect's Guide to Moisture and Mold.* New York: John Wiley & Sons.
(Esta no es una guía de diseño, sino más bien un análisis más profundo del agua y su peculiar comportamiento en relación a los materiales de construcción, ensamblajes y edificaciones completas. Está ilustrado con ejemplos específicos, explica el cómo y el porqué del control de la humedad.)

SMACNA (Sheet Metal and Air Conditioning Contractors' National Association). 1985. *SMACNA Air Duct Leakage Test Manual.* Virginia: SMACNA.
(Un complemento al HVAC Duct Construction Standards – Metal and Flexible, este manual contiene la clasificación de fugas de ductos de construcción, relación de fugas esperadas para ductos sellados y no sellados and, procedimientos para pruebas de fugas, recomendaciones en el usa de pruebas de fugas, tipos de aparatos de prueba y preparación para pruebas y análisis de ejemplos de fugas.)

SMACNA (Sheet Metal and Air Conditioning Contractors' National Association). 1993. *Architectural Sheet Metal Manual – Fifth Edition.* Virginia: SMACNA.
(El SMACNA Architectural Sheet Metal Manual provee los criterios de diseño y detalles para sistemas de drenaje de techos, fascia para detener grava de techos, albardillas, tapajuntas, extensiones de edificaciones, techos y sistemas de muros de metal, listones y telas de alambre y otras estructuras de metal. El Capítulo 1 contiene información, calculación, y gráficas para diseñar sistemas de drenaje de techos.)

Spray Polyurethane Foam Alliance. 2003. *Spray Polyurethane Foam for Exterior Subgrade Thermal and Moisture Protection.* Virginia: Spray Polyurethane Foam Alliance.
(Una guía técnica para especificar la espuma de poliuretano de celda cerrada atomizado en el exterior de muros de sótanos como aislamiento térmico y protección contra la humedad.)

Straube, J. 2011. *High Performance Building Enclosures.* Somerville, MA: Building Science Press.
(Este libro incluye los fundamentos que sostienen los principios físicos del calor, el aire y el control de la humedad en cerramientos de alto desempeño en edificaciones y una guía de diseño práctico para lograrlos para una amplia variedad de ensamblajes de cerramientos en todas las zonas climáticas de Norteamérica.)

Texas Water Development Board. 2005. *The Texas Manual on Rainwater Harvesting.* Texas: Texas Water Development Board. Consultado el 6 de Noviembre de 2013. www.twdb.texas.gov/publications/brochures/conservation/doc/RainwaterHarvestingManual_3rdedition.pdf.
(Este manual presenta una exposición de la historia de recolección de aguas de lluvia, componentes de sistema de recolección, calidad y tratamiento de aguas, tamaño del sistema y mejores prácticas de manejo.)

USEPA (United States Environmental Protection Agency). 2001. EPA 816-F-01-020. *Source Water Protection Practices Bulletin: Managing Storm Water Runoff to Prevent Contamination of Drinking Water.* Washington, D.C.: United States Environmental Protection Agency. Consultado el 6 de Noviembre de 2013. nepis.epa.gov/exe/ZyPURL.cgi?Dockey=P1009V63.txt.
(Esta hoja de datos se enfoca en el manejo de escorrentía en ambientes.)

USEPA (United States Environmental Protection Agency). 2006. *Alternative Pavers (Post-Construction Storm Water Management in New Development and Redevelopment).* Washington, D.C.: USEPA.
(Esta fuente tiene la intención de proveer una guía en los tipos de prácticas que pueden usarse para desarrollar e implementar programas de manejo de aguas de tormentas.)

USEPA (United States Environmental Protection Agency). 2006. *Construction Site Stormwater Runoff Control.* Washington, D.C.: USEPA.
(Este sitio internet describe las mejores practicas administrativas [BMPs] para el control de escorrentias de agua de tormentas en los sitios de construccion.)

USEPA (United States Environmental Protection Agency). 2006. *National Menu of Storm Water Best Management Practices.* Washington, D.C.: USEPA.
(Esta fuente provee información detallada incluyendo la aplicabilidad, los criterios de diseño, limitaciones y requerimientos de mantenimiento para estos y muchos otros métodos de drenaje del sitio de construcción.)

USEPA (United States Environmental Protection Agency). 2006. *Porous Pavement (Post-Construction Storm Water Management in New Development and Redevelopment).* Washington, D.C.: USEPA.
(Este recurso provee información detallada del manejo de agua de tormentas posterior a la construcción incluyendo mejores prácticas de operación y mantenimiento [O&M]).

Water Management Committee of the Irrigation Association. 2010. *Turf and Landscape Irrigation: Best Management Practices.* Irrigation Association.
(La Asociación de Irrigación trata asuntos de las políticas públicas relacionadas con los estándares del uso del agua en los ámbitos local, nacional e internacional.)

Capítulo 3: Construcción para Evitar Problemas de Humedad

Introducción

Este capítulo es para las personas que convierten diseños en edificaciones. Ahora más que antes, se pone más atención a los problemas de humedad durante la construcción porque hay una preocupación mayor acerca del crecimiento del moho en edificaciones. En este capítulo los problemas de control de la humedad están divididos en dos temas generales:

1. Control del agua durante la construcción de la edificación.
2. Implementación efectiva de los requerimientos de control de la humedad especificados por los diseñadores en los documentos de construcción y contratos asociados.

Levantar una edificación involucra a menudo la participación de varias compañías que proveen servicios de profesiones y oficios múltiples. El contratista general tiene la responsabilidad principal y la obligación contractual de la construcción de la edificación. La labor física se lleva acabo a menudo por subcontratistas especializados como paisajistas, especialistas en techos, en vidrio, en concreto, y contratistas de mampostería, fabricantes de acero, contratistas electricistas, contratistas de aislamientos e impermeabilización, y contratistas de instalaciones mecánicas. Proveer control de la humedad durante la construcción es enteramente la responsabilidad del contratista general y de los subcontratistas. Sin embargo, las compañías especializadas en manejo de la construcción o el comisionamiento de la edificación pueden tener responsabilidad en el control de la humedad.

El concepto de comisionamiento tradicionalmente ha sido aplicado a sistemas de calefacción, ventilación y aire acondicionado (HVAC). EL comisionamiento ha sido muy efectivo en la reducción de problemas y el incremento del ahorro de energía y confort. Durante la década pasada, este proceso ha sido extendido a sistemas eléctricos completos; agua potable, sistemas sanitarios, sistemas de drenaje e irrigación; producción de energía; cerramiento de la edificación; aspectos sustentables del proyecto; y el proceso completo del diseño de la edificación. (La Guía ASHRAE Guideline 0: *The Building Commissioning Process*, [Guía ASHRAE 0: *El Proceso de Comisionamiento* de la Edificación] la guía GSA The Building Commissioning Guide [Guia de Comisionamiento de la Edificación GSA], y el *Total Building Commissioning Program [Programa de Comisionamiento de la Edificación Comple*ta] del National Institute of Building Science [NIBS]).

Si un agente de comisionamiento participa en el diseño y construcción de una edificación, muchos de los procedimientos del aseguramiento de la calidad para control de la humedad y medidas asociadas con ésta pueden quedar muy fácilmente dentro del alcance del agente de comisionamiento.

Durante las reuniones iniciales, el contratista puede desarrollar un plan para:

- Proteger la edificación de, y responder a, problemas de humedad durante la construcción.
- Implementar los elementos de control de la humedad, actividades de verificación y actividades de comisionamiento detalladas en los planos y especificaciones.

Las normas de control de la humedad para proteger la edificación durante la construcción y asegurar que el diseño ha sido implementado efectivamente, deben ser establecidas antes que inicie la construcción. Después de haberse puesto de acuerdo en cómo evitar los problemas de control de la humedad, el contratista debe implementar y verificar los controles de humedad requeridos durante la construcción y los requeridos para la operación exitosa de la edificación.

Control de la Humedad Durante la Construcción de la Edificación

La compañías de construcción siempre han tenido que enfrentar problemas de humedad en el sitio de la construcción. Los materiales que mojan por:

- Lluvia.

- Agua que se usa en materiales que se instalan mojados.
- Fugas en instalaciones hidrosanitarias permanente o temporalmente instaladas.
- Condensación en la edificación antes que sea encerrada.
- Control de la humedad deficiente después que la edificación ha sido encerrada, pero antes que el sistema de HVAC esté operando.

Cuando el trabajo en sito comienza y antes que la edificación ha sido encerrada, los contratistas pueden usar drenaje, bombas, y embalaje y lonas para mantener el sitio y los materiales relativamente secos. Muchos de los materiales usados en las fases tempranas de un proyecto no se dañarán si se mojan, pero algunas tienen que secarse antes que puedan ser usadas. Por ejemplo, los materiales de fundaciones necesitan estar secos antes que recubrimientos o pisos puedan ser aplicados.

La secuencia de las actividades juega un papel importante en la prevención de problemas de humedad durante la construcción

- Equipo y materiales absorbentes y sensibles a la humedad debe estar programado para su entrega cuando haya almacenamiento seco y protegido disponible.
- Materiales secos y porosos deben secarse antes que los materiales sensibles a humedad sean instalados o recubrimientos sensibles a la humedad sean aplicados.
- Materiales sensibles a la humedad necesitan estar protegidos del clima cuando lleguen al sitio. Precauciones para mantener la lluvia lejos de los materiales también puede protegerlos de daños por aire y polvo.
- Es preferible encerrar la edificación para que sea hermética al clima antes que lleguen los materiales sensibles a la humedad. Mientras que esta situación pueda ser planeada para proyectos pequeños, podría no ser posible para proyectos mayores. En estos casos, los contratistas pueden proveer albergue temporal a los materiales almacenados en el sitio. Pueden proteger áreas parcialmente terminadas con lonas, cerramientos temporales, o mamparos temporales en aberturas del piso. Por ejemplo, paneles de yeso, ladrillos, bloques de concreto y materiales de madera pueden envolverse en plástico, cubrirse con lonas o plástico, y apilarse en tarimas en áreas bien drenadas. Algunos materiales que necesitan estar protegidos, como ladrillo y bloques de concreto, pueden ser entregados envueltos en plástico.
- Los pisos inferiores de edificios de gran altura a menudo son terminados mientras que los pisos de arriba aún están abiertos a la intemperie. Esta situación requiere el uso de los pisos superiores como protección temporal colocando mamparos temporales en las aberturas y drenando los pisos hacia el perímetro. Cada vez más a menudo, los contratistas también usan equipos de deshumidificación portátiles para secar edificaciones que están encerradas pero que aún no tienen aire acondicionado.
- A pesar de los mejores esfuerzos para mantener los materiales y el equipo seco, accidentes suceden y las cosas se mojan. Bloques de ladrillo y concreto pueden haber absorbido agua antes que fueran llevados al sitio o mientras estaban almacenados. Maderos pesados pueden haber sido aserrados e instalados cuando aún estaban verdes. El piso de tierra de un espacio angosto de fundación es un área grande de suelo expuesto al clima justo hasta que la plataforma del piso es instalada. Algunos materiales se mojan accidentalmente por lluvia u otras razones. Es importante secar cualquier material sensible a la humedad tan pronto como sea posible.

Implementar las medidas de control de la humedad del diseño consiste en dos acciones esenciales

1. Entender las medidas de diseño de control de la humedad en detalle y asegurar que pueden construirse.
2. Asegurar que las medidas de control de la humedad están instaladas con efectividad.

La coordinación entre compañías de construcción que están obligadas al control de la humedad en edificaciones como se especifica en los documentos de construcción, y los diseñadores de la edificación (arquitectos e ingenieros) mejorara el control de la humedad en la edificación. El contratista debe revisar los diseños de elementos de control de la humedad del cerramiento y del sistema mecánico y analizarlos con los diseñadores al comenzar el proyecto. Sin embargo, contratistas, subcontratistas, personal de manejo de la construcción, agentes de comisionamiento, y propietarios frecuentemente proponen alternativas de detalles, materiales o equipamiento. Es importante notar que estos cambios pueden llevar a cambios en los requerimientos de control de la humedad de la edificación y deben estar incluidos en la planeación del control de la humedad. Esto incluye propuestas hechas durante el proceso de licitación; durante el desarrollo y revisión de los documentos entregados; en reuniones iniciales entre el contratista, diseñador, propietario y servicio de manejo de la construcción; o durante las reuniones para revisión de documentos entregados, progreso de la construcción, dificultades, y respuestas a problemas que hayan surgido. Se recomienda que el contratista lea el Capítulo 2 de este documento para familiarizarse con las guías de control de la humedad para diseñadores. Los documentos de construcción pueden ser comparados con las recomendaciones de diseño del Capítulo 2.

Programar es un objetivo constantemente cambiante que requiere maniobrar los horarios de muchos proveedores, subcontratistas, supervisores e inspectores. Esta tarea, que de por sí es una tarea aterradora, puede complicarse por problemas aún mayores, como cambios en el mercado, desastres en otras partes del mundo que puedan afectar el precio y la disponibilidad de los productos. Es crucial que los materiales requeridos para controlar la humedad en el cerramiento y equipamiento requerido para controlar la humedad en la edificación llegue al sitio para que pueda ser instalado en la secuencia correcta. Por ejemplo, la superficie de drenaje o barrera de aire dentro de un muro debe instalarse antes que el muro se encerrado; de otra manera, la instalación apropiada se convierte en un asunto de demolición y reconstrucción.

Si el contratista general está coordinando la instalación de los sistemas de control de humedad o un subcontratista los está instalando, es crucial tener un programa de aseguramiento de la calidad en orden para inspeccionar, probar y documentar la correcta instalación y funcionamiento de los elementos de control de la humedad. Esto puede significar la diferencia entre evitar o tener problemas de humedad. Algunos ejemplos ocasionados por malas prácticas aseguramiento de la calidad, o la ausencia de ellas son:

- Falta de tapajuntas.
- Tapajuntas instalados con las lengüetas invertidas.
- Tapajuntas que se queda corta de ser un tapajuntas pasamuros.
- Falta de aislamiento.
- Falta de sellador.
- Hoyos no sellados en el pleno de retorno que causa despresurización en las cavidades del muro.
- Líneas de bandejas de drenaje de condensados, drenajes de techo internos, u ollas de sumidero de sótanos instalados al punto máximo en lugar de al mínimo.
- Piso impermeable o piso sensible a la humedad instalado en una losa de concreto que está dejando pasar mucho vapor de agua.

Inspeccionar los elementos de control de la humedad cuando son instalados es el aspecto más importante de la supervisión—especialmente en áreas donde las inspecciones pueden ser más difíciles. Además de los oficiales de QA (aseguramiento de la calidad) que son empleados del contratista general o del subcontratista, las inspecciones pueden hacerse por terceras partes como compañías de manejo de construcción o de comisionamiento.

El inspector debe verificar que los materiales especificados están en el sitio y siendo instalados para que desempeñen su función. La secuencia es a menudo importante en la instalación efectiva. Los siguientes ítems deben ser inspeccionados frecuente y cuidadosamente durante la instalación:

- La barrera de aire.
    - Los materiales de la barrera de aire deben estar instalados en las juntas y las aberturas para que puedan sellarse fácilmente.
    - Los selladores que completan la barrera de aire deben estar instalados antes que se bloquee el acceso a la barrera de aire.
- Control del agua de lluvia.
    - El traslapado de la superficie de drenaje y los tapajuntas del techo, muros, ventanas, puertas y otras aberturas debe estar correctamente instalado.
- Aislamiento.
    - El aislamiento debe estar instalado para que haga una capa tan completa como sea posible (i.e., no vacíos en el aislamiento de la cavidad, no cavidades sin aislamiento).
- Instalaciones hidrosanitarias.
    - La ubicación de líneas hidrosanitarias debe ser verificada.
    - Líneas de agua fría, líneas de agua helada y drenajes de techo internas deben estar

aisladas; pruebas de presión deben haber sido completadas antes de la instalación del aislamiento y los acabados del cerramiento.

  - Acceso a válvulas debe estar disponible.
  - Los espacios que se mojan deben estar ensamblados usando solo materiales que son resistentes a la humedad y al moho.

- HVAC.
  - Bandejas de condensados deben tener inclinados y estar drenados correctamente.
  - Paneles de acceso deben estar instalados corriente abajo de los serpentines para que los serpentines y ductos puedas ser inspeccionado y limpiado.
  - Ductos y plenos de retorno deben estar sellados al aire y probados.
  - Aislamiento de ductos debe estar instalado y los ductos sellados.
  - Agua enfriada y líneas de refrigerantes deben estar aisladas y selladas.
- Materiales mojados.
  - Materiales que necesitan ser instalados mojados o que se mojen accidentalmente deben estar secos antes que se cierren las cavidades (p. ej., concreto, bloques de concreto o aislamiento poroso debe estar seco antes que sean encerrados por muros de paneles de yeso; espacios angostos deben estar drenados y con cubiertas del suelo instaladas antes que la plataforma del piso de OSB sea instalado) o pisos (p. ej., pisos de vinilo en losas de concreto) sean instalados.

Una serie de pruebas pueden ser necesarias para demostrar que el elemento de control de la humedad está funcionando correctamente. Algunas de las pruebas son requeridas por el código; algunas pueden ser especificadas por los diseñadores en los documentos de construcción; algunos pueden ser requeridos para mantener la garantía del fabricante y algunos pueden ser realizados por el contratista para asegurarse el mismo. Las pruebas incluyen:

- Prueba de hermeticidad del aire del cerramiento (*ASTM E779-10, ASTM E1827-11* o ACE [2012]).
- Pruebas de filtraciones de aire y agua en aberturas en simulaciones o porciones del cerramiento en el sitio (*ASTM E783, ASTM E1105*).
- Prueba de emisión de vapor de agua para losas de concreto antes de instalar los pisos (*ASTM F1869, ASTM F2170*).
- TAB (Prueba, ajuste y balance) en flujos de aire de extracción (ASHRAE).
- Prueba de presión en el sistema de suministro de agua (Código Internacional de Instalaciones Hidráulicas y Sanitarias, Sección 312.5).
- Probar el drenaje y aire de ventilación de los sistemas hidrosanitarios (Código Internacional de Instalaciones Hidráulicas y Sanitarias, Secciones 312.2, 312.3 y 312.4).
- Pruebas de drenaje para bandejas de drenaje de condensados en acondicionadores de aire. (Existen requerimientos para inclinación etc., en el *Estándar ASHRAE 62.1*.)
- Pruebas de diferencia de presión.
- Pruebas de filtraciones en ductos (SMACNA).

La documentación de la inspección y los resultados de pruebas puede incluir la fecha ubicación, propósito de la inspección, resultados, deficiencias y acciones correctivas propuestas; se deben registrar todos los ítems. Cada inspección y pruebas deben estar documentadas con listas de registro, fotografías y listas de verificación. El valor de las fotografías en la documentación de una inspección no puede estar sobre-enfatizado. Muchas asociaciones de la industria ofrecen guía en el aseguramiento de la calidad para sistemas de cerramientos en las edificaciones (ABAA, NCRA, NFRC y RCI). Algunas ofrecen la certificación para quienes proveen consultoría en cerramientos y servicios de aseguramiento de la calidad (ABAA, NFRC and RCI).

Este capítulo tiene siete subsecciones:

- Planeación de la Pre-construcción.
- Drenaje del Sitio.
- Construcción de Fundaciones.
- Construcción de Muros.
- Construcción de Ensamblajes de Techos y Cielorrasos.
- Instalación del Sistema Hidrosanitario.
- Instalación del Sistema de HVAC.

Planeación de la Pre-construcción

Para proteger una edificación de problemas de humedad durante la construcción y para asegurar que los elementos de control de la humedad del diseñador han sido adecuadamente implementados, el contratista necesita incorporar el control de la humedad en el plan, programa y secuencia del proyecto. El contratista también necesita coordinar estas actividades con el propietario y los representantes del propietario (p. ej., el equipo diseñador, el servicio de manejo de la construcción o agente de comisionamiento).

Objetivos

Planeación de la Pre-construcción – Objetivo 1:

Desarrolle un plan de control de la humedad a ser usado mientras que la edificación está bajo construcción.

Planeación de la Pre-construcción – Objetivo 2:

Revise los detalles de control de la humedad en los documentos de construcción con el equipo diseñador, administradores de la construcción y subcontratistas.

Guía

Planeación de la Pre-construcción – Objetivo 1:

Desarrolle un plan de control de la humedad que se pueda seguir mientras que la edificación está bajo construcción.

Guía 1: Establezca junto con el propietario y el equipo diseñador el grado de problemas potenciales de control de la humedad durante la construcción y después de la entrega. Al desarrollar el plan de control de la humedad, el contratista puede guiarse por el grado de problemas potenciales expresado por el propietario y equipo diseñador y por el grado de problemas implícitos en los planos de construcción y las especificaciones de diseño de los elementos de control de la humedad, las inspecciones de terceras partes, pruebas y comisionamiento.

Guía 2: Planee el programa de construcción la secuencia de entregas para alcanzar los objetivos de control de la humedad del propietario y del equipo diseñador. Mantener secos la edificación, los materiales de construcción y el equipo durante la construcción requieres mayor planeación, esfuerzo, y más equipo y materiales. Cuando el sitio completo está expuesto a la intemperie y cuando la edificación está en construcción pero aún no ha sido encerrado, los materiales sensibles a la humedad, o no deben estar en el sitio, o deben estar protegidos de los elementos naturales. Encerrar completamente la estructura antes de que los materiales y equipamientos sensibles a la humedad sean entregados o instalados en los pisos inferiores puede tener un impacto significativo en el programa de construcción. El plan de control de la humedad debe referirse como mínimo a:

- Proveer drenaje del sitio de construcción: drenaje temporal, remoción del agua.
- Proveer protección contra el agua de construcción y de fugas de mangueras y tuberías.
- Hacer que los cerramientos o porciones de éstos sean herméticos al clima antes de la entrega o instalación de materiales sensibles a la humedad
    - Para edificaciones más pequeñas, todo el cerramiento puede ser hecho hermético al clima antes que los materiales sensibles a la humedad lleguen al sito.
    - Para edificaciones más grandes, una porción del cerramiento puede ser hecho hermético al clima lo suficientemente pronto para almacenar o para comenzar a instalar materiales sensibles a la humedad.
    - Antes que el piso más alto en un edificio de gran altura se ha alcanzado y ha sido techado, los muros de los pisos inferiores pueden hacerse herméticos al clima y las plataformas de pisos has sido contenidas con diques cortos o sellados en las aberturas (p. ej., recintos de escaleras, rozas de servicio y recintos de elevadores) y con drenaje en el perímetro.

- Proveer protección contra la lluvia para materiales de trabajo y almacenados antes que la edificación sea encerrada.
- Preparar una lista de materiales que deben mantenerse secos, las acciones planeadas para protegerlos durante la construcción y lo que debe hacerse si se mojan.
    - La mayor parte de los materiales de acabados (p. ej., paneles de yeso con recubrimiento de papel y paneles de madera) y algunos materiales de aislamiento poroso (p. ej., aislamientos de fibra de vidrio y de celulosa) deben mantenerse secos.
- Preparar un plan para almacenar materiales vulnerables para que estén protegidos de la lluvia, nieve y fugas de tuberías durante la construcción (p. ej., programe las entregas después que la edificación o una de sus porciones son herméticas al clima; provea protección independiente de la edificación, como tarimas y lonas, cubiertas con plástico retráctil o en una edificación de almacenamiento separada).
    - Secuencie la instalación de estos materiales cuando la edificación o una porción de la edificación es hermética al clima.
- Secar materiales mojados antes del terminado o encerrado.
    - Prepare una lista de materiales que pueden tolerar mojarse, pero deben de estar secos antes que otros materiales puedan ser instalados en la fundación; los puntos críticos en el horario por los cuales deben secarse; las acciones planeadas para asegurar que están secos en esos tiempos; y lo que debe hacerse en caso que estén mojados en un momento crítico.
    - Los materiales impermeables (p. ej., aluminio anodizado, vidrio y tableros de espuma de estireno extruido) tienen un alta tolerancia a mojarse, pero se puede necesitar que estén secos antes que los selladores o adhesivos sean aplicados.
    - Algunos materiales porosos (p. ej., cubiertas de paneles de yeso para exteriores, tableros de madera prensada y madera prensada de fibra orientada) pueden tolerar mojarse por periodos cortos de tiempo, pero deben estar secos antes que recubrimientos, encintados, adhesivos o materiales de acabados interiores sean aplicados. Obtenga lea y siga las instrucciones del fabricante.
    - Algunos materiales porosos (p. ej., concreto, bloques de concreto, y ladrillos) tienen una alta tolerancia a mojarse por largos periodos de tiempo, pero deben estar secos antes que recubrimientos, encintados, adhesivos o materiales de acabados interiores sean aplicados. Por ejemplo una emulsión de base de agua que se usa como una superficie de drenaje atomizada puede ser que no cure correctamente si se aplica en muros de bloques de concreto saturados de agua. Instalar paneles de yeso con recubrimiento de papel junto a un muro de concreto mojado puede resultar en crecimiento de moho en el panel de yeso.
- Deshumidificar después de encerrar la edificación, pero antes que el sistema de HVAC este en operación.
- Comisionar y hacer pruebas en el cerramiento y los sistemas hidrosanitarios y de HVAC.
- Responder a los problemas de humedad y enmohecimiento que sucedan a pesar de estos esfuerzos.
    - Vigilancia.
    - Respuesta a emergencias.
    - Secar, limpiar y reparar.
    - Espacios libres.

Guía 3: identifique las partes responsables para implementar cada parte del plan de control de la humedad.

Planeación de la Pre-construcción – Objetivo 2: Revise los detalles del control de la humedad en los documentos de construcción con el equipo diseñador, administradores de la construcción y subcontratistas.

Guía 1: Revise los detalles del control de la humedad en los documentos de construcción y coméntelos con el equipo diseñador:

- Revise los detalles y especificaciones del control de agua de lluvia y de agua sub-superficial para el sito con los contratistas paisajistas y de excavaciones.
- Trace los detalles del control de agua de lluvia, barrera de aire y capas de aislamiento para que tengan continuidad; revise las pruebas del cerramiento y requerimientos de comisionamiento (p. ej., prueba de presión de aire del cerramiento).

- Examine las dinámicas de vapor de agua de las secciones, considerando la temperatura interior de diseño y la humedad relativa y el clima exterior para estimar los potenciales de condensación y secado.
- Revise el potencial de acumulación de hielo en secciones y planos del techo—barrera de aire, nivel de aislamiento respiraderos del techo, desagües de deshielo—en climas donde se tiende a acumular el hielo en las edificaciones.
- Revise la ubicación de líneas hidrosanitarias y líneas de agua helada; verifique la barrera de vapor y detalles de aislamiento en las líneas de agua fría y de agua helada; revise los requerimientos de pruebas y comisionamiento del sistema hidrosanitario (p. ej., prueba de presión, inicio, capacitación del propietario).
- Revise los requerimientos de comisionamiento del cerramiento.
- Revise los sistemas mecánicos para asegurar:
  - Control de la humedad interior.
  - Aislamiento y control del vapor en tuberías y ductos.
  - Requerimientos de relación de presión de aire adecuados (p. ej., prevenir la despresurización accidental de edificaciones con aire acondicionado, espacios y cavidades en climas cálidos húmedos y climas húmedos mixtos; presurización accidental de edificaciones en climas fríos).
  - Ubicación de equipo de aire acondicionado dentro de cerramientos termales y de aire, inclinación de la bandeja de drenaje para drenaje positivo, especificaciones del aislamiento, espacio suficiente alrededor del equipamiento para la instalación adecuada de drenajes y paneles de acceso.
  - Materiales resistentes al moho en cuartos de servicio, baños, inodoros y otras áreas que se mojarán.
- Revise el comisionamiento y requerimientos de pruebas del sistema mecánico (p. ej., prueba y balance, prueba de hermeticidad de ductos capacitación de encendido y operación).
- Revise los procedimientos de pruebas de contenido de humedad antes de instalar o encerrar materiales porosos (p. ej., concreto).
- Presente las alertas, precauciones y alternativas al propietario y equipo diseñador para comentarios y decisiones finales.

Guía 2: Formalice los resultados de los comentarios y decisiones hechos bajo la Guía 1 en cambios en los documentos de construcción, planos en sitio y documentos entregados.

Guía 3: Programe las inspecciones requeridas y pruebas de los elementos de control de la humedad (quién, cuándo, resultados y soluciones) para que esas actividades se puedan completar mientras que los detalles de control de la humedad estén expuestos y puedan ser inspeccionados.

Verificación de la Planeación de la Pre-construcción

Notas escritas de reuniones, documentos de construcción, planes para controlar los problemas de humedad durante la construcción, respuestas planeadas a emergencias de problemas de humedad durante la construcción, y las listas de las partes responsables de la instalación, supervisión, inspección y pruebas de los elementos de control de la humedad proveen la verificación del proceso seguido y de las decisiones tomadas.

Construcción del Drenaje del Sitio

Problema

Drenaje del sitio no apropiado puede causar que el agua de la lluvia y el deshielo dañen la edificación y sus componentes durante y después de la construcción. Errores cometidos en la construcción de sistemas de drenaje pueden ser difíciles y caros de arreglar si se descubren después que las estructuras están en su lugar. Anegamiento repetido causado por sistemas de drenaje mal construidos pueden conducir a daños por humedad, altos costos de seguros y más responsabilidades para el propietario de la edificación.

Objetivos

Drenaje del Sitio – Objetivo 1: El agua de la lluvia y el deshielo no daña la edificación o sus componentes durante la construcción.

Drenaje del Sitio – Objetivo 2: El agua de la lluvia y el deshielo no daña la edificación o sus componentes después de la construcción.

Guía

Drenaje del Sitio – Objetivo 1: El agua de la lluvia y el deshielo no daña la edificación o sus componentes durante la construcción.

Guía 1: Cumpla con los requerimientos de NPDES (National Pollutant Discharge Elimination Systems [Sistemas Nacionales de Eliminación de Descargas de Contaminantes]) para la construcción, según lo implemente la autoridad competente: U.S. EPA, gobierno estatal o gobierno local.[21] Determine si existen requerimientos aplicables de manejo de erosión, control de sedimentos, y agua de tormentas locales o estatales.

Guía 2: Cumpla con los requerimientos de diseño para mantener el manejo de agua durante la construcción. Si no se proveen requerimientos de diseño, cumpla con los siguientes mínimos recomendables.

Minimice el potencial de escorrentías:

- Evite limpiar o nivelar amortiguadores de corrientes; áreas de conservación forestal; humedales, manantiales y rezumaderos; suelos altamente susceptibles a la erosión; pendientes pronunciadas; características de mejora del medio ambiente; y áreas de filtración de escorrentías.
- Agrupe actividades de construcción en fases para limitar la exposición del suelo a la intemperie. Limite actividades a la fase actual para disminuir el tiempo que el suelo está expuesto.
- Comience inmediatamente tareas para estabilizar los suelos expuestos. Mientras que el objetivo a largo plazo es establecer permanentemente suelos estabilizados, mantillos, hidrosiembra, o esteras para control de la erosión pueden proveer protección a corto plazo.
- Evite cortes y nivelación de pendientes pronunciadas—mayores al 15 por ciento—donde sea posible. Si hay una pendiente pronunciada, desviaciones de o un drenaje inclinado debe ser usado para que toda el agua fluyendo en la pendiente sea dirigida lejos del sitio hacia áreas de desecho aprobadas.
- Capacite al personal de construcción en prácticas de manejo de agua de tormentas.
- Asegure que los principios de drenaje positivo se han cumplido para que el agua drene del sitio y lejos de la estructura.
    - Asegure que el agua es desplazada hacia afuera de la edificación.
    - Asegure que no se permita que el agua se estanque en puntos bajos o áreas bajas, a menos que así se haya planeado.
    - Asegure que las obstrucciones alrededor de la edificación y del sitio (p. ej., amontonamientos de tierra y grava, cercos de sedimentos) no causen que el agua se regrese hacia adentro de la edificación.

---

[21] Véase www.epa.gov/npdes/authorization-status-epas-construction-and-industrial-stormwater-programs#undefined para determinar si la EPA o su estado es la autoridad competente. Véase www.epa.gov/npdes/stormwater-discharges-construction-activities#overview para los requerimientos federales. Consultado el 6 de Noviembre de 2013.

- Instituya roles de supervisión y responsabilidades para el manejo de agua de tormentas describiendo claramente cada una de las responsabilidades de los contratistas. Especifique quién inspeccionará los elementos y con qué frecuencia.[22]

Drenaje del Sitio – Objetivo 2: El agua de la lluvia y deshielo no dañe la edificación o sus contenidos después de la construcción.

Guía 1: Identifique los elementos de control de agua en el diseño del sitio, como los requerimientos de nivelación del suelo e inclinación, y los controles de infiltración, retención o parado. Coordine con el equipo diseñador para interpretar y modificar los sistemas de drenaje si es necesario.

Guía 2: Confirme que los sistemas de drenaje están instalado o construidos como se especifica en los documentos de construcción supervisando, inspeccionando y documentando la construcción e instalación de los elementos de control del agua del sitio. Algunos ejemplos incluyen:

- Determinar la inclinación del nivel del suelo terminado alrededor de la fundación de la edificación midiendo el cambio en altura sobre distancia.
- Documentar niveles del suelo y pendientes para los sistemas de drenaje.

Guía 3: Confirme que todos los sistemas temporales de control del agua, como cercos de sedimentos, has sido removidos.

Verificación de la Construcción del Drenaje del Sitio

Crear y usar listas de verificación para documentas la construcción y la instalación. La información en este capítulo puede ayudar a identificar los ítems a incluir en esas listas.

[22] Para mas información vea http://www.epa.gov/npdes/national-menu-best-management-practices-bmps-stormwater#constr. Consultado el 6 de Noviembre de 2013.

Construcción de Fundaciones

Problema

Dado que la conexión entre la edificación y el suelo que la sustenta es la fundación, la mayor parte de los materiales que la conforman pueden tolerar condiciones mojadas por largos periodos de tiempo sin deteriorarse. Sin embargo, la fundación debe estar lo suficientemente seca para permitir la instalación de recubrimientos de protección contra la humedad excesiva y materiales que se usan para formar el aislamiento, la barrera de aire, control del vapor y partes de acabados de los muros y los pisos de la fundación. Fallas en la construcción de la fundación pueden causar problemas que son extremadamente difíciles y caros de reparar una vez que la edificación ha sido construida.

Objetivos

Construcción de la Fundación – Objetivo 1: Mantener los materiales del ensamblaje de la fundación secos durante la construcción.

Construcción de la Fundación – Objetivo 2: Construir las fundaciones para que los sistemas de control de la humedad sean efectivamente implementados en los planos de diseño y especificaciones.

Construcción de la Fundación – Objetivo 3: Preparar los materiales de operación y mantenimiento en relación a la protección contra la humedad continua y efectiva para las fundaciones.

Guía

Construcción de la Fundación – Objetivo 1: Mantener los materiales del ensamblaje de la fundación secos durante la construcción.

Guía 1: Implemente el plan de control de la humedad para la fase de construcción, la que debe incluir:

- El drenaje del sitio para controlar el agua en las fundaciones durante la construcción.
- Estrategias de respuesta a problemas de agua que ocurran durante la construcción (p. ej., tenga bombas disponibles para respuesta de emergencias en caso de lluvias torrenciales).
- Secar los muros de concreto y de mampostería y losas antes de instalar el aislamiento interior en muros, cubiertas de muros interiores con paneles de yeso, y acabados interiores de losas.
- Prevenir las condiciones de humedad alta cuando los espacios angostos están encerrados por la plataforma del piso superior por medio de:
  - Inclinar la tierra en el espacio angosto para dirigir en agua a un lugar de desecho; instalar un abarrera de vapor por sobre el piso de tierra tan pronto como sea posible. NOTA: Si el espacio angosto tiene una losa de concreto, la ubicación de la barrera de vapor debe ser parte de los detalles de la losa.
  - Monitorear la humedad relativa para determinar si es necesaria la deshumidificación; controlar la humedad en el espacio angosto a menos del 65 por ciento de HR usando ventilación, si el punto de condensación del aire exterior es más bajo de 55°F, o con deshumidificadores.
- Designar alguien que conduzca pruebas de contenido de humedad en el concreto y de emisiones de vapor de agua. Documentar pruebas, resultados y soluciones. El Apéndice C contiene un resumen de pruebas de contenido de humedad en los materiales durante la construcción.

Construcción de la Fundación – Objetivo 2: Construya las fundaciones para implementar efectivamente los sistemas de control de la humedad en los planos y especificaciones del diseño.

Guía 1: Instale control de agua de lluvia, aislamiento, barrera de aire y control de vapor de agua de acuerdo con los documentos de construcción. Implemente un programa de aseguramiento de la calidad para:

- Drenaje exterior y recubrimientos de protección contra la humedad excesiva de muros de fundación.

- Barreras capilares en las zapatas y en la parte superior del muro de fundación.
- Aislamiento, barrera de aire y control de vapor de agua.
- Sistemas de barrera de aire y aislamiento térmico.

Construcción de la Fundación – Objetivo 3: Preparar los materiales de operación y mantenimiento en relación a la protección contra la humedad continua y efectiva para las fundaciones.

Guía 1: Provea—o solicite a contratistas, subcontratistas o fabricantes que provean—la información de operación y mantenimiento requeridos para mantener los elementos de control de la humedad de las fundaciones incluyendo:

- Señales de fallas en el drenaje o en la protección contra el exceso de humedad.
- Frecuencia de la inspección.
- Método para reparar los problemas.

Verificación de la Construcción de la Fundación

- Documente los programas de aseguramiento de la calidad para la instalación de los elementos de control higrotérmico del cerramiento. Documente las pruebas y pruebas funcionales en libros de registro, resultados de pruebas y fotografías. Las partes identificadas en los documentos de construcción o contratos deben realizar pruebas como lo requiera el diseño o para aseguramiento de calidad interno. Archive los documentos de instalación, listas de verificación, fotografías, libros de registro, y resultados de pruebas. Provea la labor, materiales y equipamiento requeridos incidentalmente para apoyar las pruebas de terceras partes.
- Desarrolle información de operación y mantenimiento por escrito, como lo requiera el contrato.

Construcción de Muros

Problema

Se debe tener cuidado durante la construcción de muros para mantener secos los materiales de construcción sensibles a la humedad. Los materiales de muros sensibles a la humedad que se mojen durante la construcción pueden enmohecerse, corroerse o deteriorarse. Los muros deben construirse de acuerdo a especificaciones de diseño para incorporar medidas de prevención contra la humedad y el moho.

Objetivos

Construcción de Muros – Objetivo 1: Mantener secos los materiales de los muros durante la construcción.

Construcción de Muros – Objetivo 2: Construir muros para implementar sistemas de control de la humedad efectivamente en los planos y especificaciones del diseño.

Construcción de Muros – Objetivo 3: Preparar los materiales de operación y mantenimiento para la efectiva y continua protección contra la humedad de los muros.

Guía

Construcción de Muros – Objetivo 1: Mantenga secos los materiales de los muros durante la construcción.

Guía 1: Tome los pasos desarrollados en el plan de control de la humedad para asegurar que los materiales que deben estar secos, se mantengan secos. Examine y rechace materiales que lleguen contaminados con moho. Almacene materiales en un área limpia y seca, protegida del agua (p. ej., tarimas cubiertas y elevadas). Haga pruebas de contenido de humedad en materiales porosos (p. ej., los que pueden fácilmente acumular una gran cantidad de agua en estado líquido) antes de encerrarlos en cavidades o antes de aplicarles adhesivos o terminados.

Guía 2: Documente las medidas de control de humedad ejercidas durante la construcción.

Construcción de Muros – Objetivo 2: Construya muros para implementar sistemas de control de la humedad efectivamente en los planos y especificaciones del diseño.

Guía 1: Instale elementos de control de la humedad diseñados para cumplir con los criterios especificados en los documentos de construcción. Implemente programas de aseguramiento de la calidad para sistemas de control higrotérmico. Provea la labor, materiales y equipamiento requeridos incidentalmente para apoyar las pruebas de terceras partes.

Inspeccione y verifique los detalles del control del flujo de aire y calor en estas ubicaciones vulnerables:

- Revestimientos.
- Tapajuntas por encima y debajo de ventanas, puertas y aberturas de suministro y extracción de aire.
- Detalles de tapajuntas pasamuro donde el techo de un piso inferior, balcón o plataforma intersecta con muros de pisos superiores.
- Superficies de drenaje de edificaciones: barreras resistentes al clima, papel de fieltro y membranas atomizadas.
- Capas de aislamiento: Inspeccione la capa de aislamiento para continuidad.
- La barrera de aire: Selle al paso de aire y aísle muros y áreas de cielorraso que se harán inaccesibles a causa del entramado interior o de artefactos. Estas áreas incluyen:
  - Recintos de escaleras, tinas de baño, duchas y gabinetes instalados contra muros exteriores.
  - Sofitos por debajo de cielorrasos aislados, donde los muros interiores se conectan con muros exteriores.
  - Áreas alrededor de recintos de elevadores y de escaleras.

- Sella al paso del aire y aísle alrededor de ventanas y puertas andes de aplicar acabados interiores.
- Planee actividades de sellado al paso del aire (p. ej., masillado y colocación de espuma de plástico) de manera que puedan ser inspeccionados con facilidad y eficiencia.

- Secuencie las entregas e instalación de los materiales para que los elementos críticos de protección contra la humedad puedan ser instalados fácilmente. Por ejemplo, en un muro construido con recubrimiento de ladrillos/ aislamiento de tableros de espuma de plástico/ membrana de superficie de drenaje atomizada-barrera de aire/muro de bloques de concreto, la membrana debe ser aplicada antes que el tablero de espuma de plástico de aislamiento, y el tablero debe ser aplicado antes que el revestimiento de ladrillo sea instalado. Todos estos materiales deben estar en el sitio y los subcontratistas deben ser programados, o si no un muro o partes de un muro pueden terminar sin la membrana atomizada o el aislamiento de espuma detrás del revestimiento de ladrillo.

Construcción de Muros – Objetivo 3: Prepare los materiales de operación y mantenimiento relacionados con la protección contra la humedad continua y efectiva para muros.

Guía 1: Provea o indique a los contratistas , subcontratistas o fabricantes que provean información de operación y mantenimiento requeridos para mantener los elementos de control de humedad de ensamblajes de muros incluyendo:

- Identificar la señales de fallas en el revestimiento.
- Frecuencia de las inspecciones.
- Método de reparación de problemas.

Verificación de la Construcción de Muros

- Documente programas de aseguramiento de la calidad para la instalación de los elementos de control higrotérmico del cerramiento. Documente la inspección del aseguramiento de la calidad de pruebas y pruebas funcionales en libros de registro, resultado de pruebas y fotografías. Las partes identificadas en los documentos de construcción o contratos deben realizar pruebas como lo requiera el diseño o el aseguramiento de calidad interno. Archive los documentos de instalación, listas de verificación, fotografías, libros de registro y resultados de pruebas.
- Desarrolle información de operación y mantenimiento por escrito, como lo requiera el contrato.

Construcción de Ensamblajes de Techos y Cielorrasos

Problema

Construya ensamblajes de techos de acuerdo a las especificaciones de diseño que incorporan medidas de prevención contra la humedad y el moho. Cuide de mantener secos los materiales sensibles a la humedad durante la construcción. Los materiales sensibles a la humedad del ensamblaje del techo que se mojen durante la construcción pueden enmohecerse, corroerse o deteriorarse.

Objetivos

Construcción de Techos – Objetivo 1: Mantenga secos los materiales del ensamblaje de techos durante la construcción.

Construcción de Techos – Objetivo 2: Construya ensamblajes de techos que implementen efectivamente los sistemas de control de humedad especificados en los planos y especificaciones del diseño.

Construcción de Techos – Objetivo 3: Preparar los materiales de operación y mantenimiento en relación a la protección contra la humedad continua y efectiva para ensamblajes de techo.

Guía

Construcción de Techos – Objetivo 1: Mantenga secos los materiales del ensamblaje de techo durante la construcción.

Guía 1: Siga los pasos del plan de control de la humedad para asegurar que los materiales que deben estar secos se mantengan secos. Examine y rechace materiales que lleguen contaminados con moho. Almacene materiales en un área limpia y seca, protegida del agua (p. ej., tarimas cubiertas y elevadas). Haga pruebas de contenido de humedad en materiales porosos (p. ej., los que pueden fácilmente acumular una gran cantidad de agua en estado líquido) antes de encerrarlos en cavidades o antes de aplicarles adhesivos o terminados.

Construcción de Techos – Objetivo 2: Construya ensamblajes de techos que implementen efectivamente los sistemas de control de humedad especificados en los planos y especificaciones del diseño.

Guía 1: Instale apropiadamente los elementos de control de la humedad diseñados para cumplir con los criterios especificados en los documentos de construcción. Implemente programas de aseguramiento de la calidad para sistemas higrotérmicos. Provea los trabajos, materiales, y equipamiento incidental requerido para apoyar las pruebas de tercera parte.

- Inspeccione y verifique los detalles para el control de la humedad, flujo del aire y flujo del calor en estas ubicaciones vulnerables:
    - Techos—inclinación, instalación.
    - Tapajuntas en bordes de techos, canalones, desagües de techos, limahoyas, chimeneas, buhardillas, tragaluces, bordillos de equipamiento, aberturas para tuberías, soportes estructurales para barandas, anuncios, vallas y barreras.
    - Detalles de tapajuntas pasamuros donde un piso inferior intersecta muros de pisos superiores.
    - Papel asfáltico para techos, membranas autoadhesivas bituminosas.
    - Capa de aislamiento—inspeccionar para continuidad.
    - Aberturas de ventilación en sofitos y en crestas de techos, detalles de sellado al paso de aire y aislamiento para techos ventilados que terminan en aleros.
    - Barrera de aire:
        - Selle al paso de aire las juntas entre materiales que forman la barrera de aire (p. ej., tablero de espuma de plástico, barrera térmica de panel de yeso y pancha de concreto o plataforma de techo de concreto vaciado). NOTA: plataformas

de metal acanaladas son difíciles de usar como barreras de aire y requieren detallado especial para ser usadas de esta manera.

- Selle al paso del aire entre el material de la barrera de aire del techo y el material de la barrera de aire del muro.
- Selle al paso del aire y aísle el borde de plataformas de metal acanaladas, muros de parapeto, bordillos de equipamiento, tragaluces, espacios alrededor de recintos de elevadores y otras áreas que serán inaccesibles a causa del equipo de entramados interiores colgados de cielorrasos, tuberías, ductos y cielorrasos.
- Planee las actividades de sellado al paso del aire (p. ej., masillado y colocación de espuma rociada) para que se puedan realizar e inspeccionar con facilidad y eficiencia.
  - Secuencie las entregas e instalación de los materiales para que los elementos críticos de protección contra la humedad puedan ser rápidamente instalados, si la barrera de aire en un sistema de techo de inclinación baja será hecho usando dos capas de hojas de panel de espuma con las juntas escalonadas y encintadas, es de gran importancia que la cinta correcta este a mano cuando los paneles de espuma sea colocado.
  - Planee los trabajos de sellado al paso de aire (p. ej., masillado y colocación de espuma rociada e instalación de la membrana) para que se realicen y puedan ser inspeccionadas con facilidad eficiencia.

Construcción de Techos – Objetivo 3: Prepare los materiales de operación y mantenimiento relacionados a la efectiva protección contra la humedad para ensamblajes de techos.

Guía 1: Provea o dirija los contratistas, subcontratistas o fabricantes para proveer la información requerida de operación y mantenimiento para los elementos de control de humedad de los ensamblajes de techos. Las responsabilidades del constructor deben describirse detalladamente en los contratos y pueden incluir:

- Señales fallas en techados y aberturas de techos.
- Frecuencia de las inspecciones.
- Métodos para solucionar problemas.

Verificación de la Construcción de Ensamblajes de Techos y Cielorrasos

- Documente los programas de aseguramiento de la calidad para la instalación de elementos de control higrotérmico del cerramiento. Documente inspecciones, pruebas de aseguramiento de la calidad y pruebas funcionales en cuadernos de registro de inspecciones, resultados de pruebas y fotografías. Las partes identificadas en los documentos de construcción o en los contratos deben conducir las pruebas como se requiere en el diseño o para el aseguramiento de la calidad interna. Archive los documentos de instalación, las listas de verificación, fotografías, libros de registro y resultados de pruebas. Provea los trabajos, materiales, y equipamiento incidental requerido para apoyar las pruebas de tercera parte.
- Desarrolle información de operación y mantenimiento por escrito, como lo requiera el contrato.

Instalación del Sistema Hidrosanitario

Problema

Problemas de agua relacionados con las tuberías pueden ocurrir como resultado de fugas y otras descargas accidentales de agua en tuberías en sistemas cargados durante la construcción. Problemas posteriores retrasados pueden ocurrir por errores en la instalación de líneas de agua de suministro, líneas de drenaje y aparatos.

Objetivos

Instalación del Sistema Hidrosanitario – Objetivo 1: Instale líneas de agua de suministro, líneas de drenaje y aparato para evitar fugas antes y después de la ocupación y para facilitar el hallazgo y reparación de problemas durante la construcción y ocupación después de la construcción.

Instalación del Sistema Hidrosanitario – Objetivo 2: Instale aislamiento en las tuberías y controles de vapor de agua en líneas de agua fría y en aparatos que lo utilizan.

Instalación del Sistema Hidrosanitario – Objetivo 3: Instale materiales que minimizarán el crecimiento del moho en áreas en que no se puede evitar que se mojen.

Instalación del Sistema Hidrosanitario – Objetivo 4: Prepare los materiales de operación y mantenimiento relacionados con la protección continua y efectiva contra la humedad para sistemas hidrosanitarios.

Guía

Instalación del Sistema Hidrosanitario – Objetivo 1: Instale líneas de agua de suministro, líneas de drenaje y aparatos para evitar fugas antes y después de la ocupación y para facilitar el hallazgo y reparación de problemas durante la construcción y ocupación después de la construcción.

Guía 1: Revise los documentos de construcción y prepare los planos en sitio y entregas que aseguran que las tuberías no están ubicadas en muros exteriores y cielorrasos que contienen aislamiento poroso. NOTA: si las tuberías deben estar colocadas en un muro exterior o cielorraso, instale una capa continua sellada al paso del aire de aislamiento de tablero de espuma de celda cerrada entre la tubería y la cubierta exterior, muro cortina o plataforma de techo. Programe la instalación para que las pruebas puedan hacerse antes que las tuberías y los componentes sean encerrados. Esto puede requerir pruebas por separado en subsecciones de los sistemas hidrosanitarios.

Guía 2: Siga los documentos de construcción cuando se instalen los sistemas hidrosanitarios.

Guía 3: Instale el sistema hidrosanitario de manera que sea de fácil acceso y reparación. Oriente las válvulas, tuberías y otros componentes importantes en ubicaciones donde las fugas se noten fácilmente y que estén de la manera más accesible para inspección y reparaciones. Cuando sea apropiado, etiquete los componentes importantes o coloque instrucciones y diagramas para ayudar a otros en el acceso y reparación del sistema hidrosanitario. Este tipo de ayudas puede incluir diagramas de dirección de flujo y localización de las válvulas y sus funciones.

Instalación del Sistema Hidrosanitario – Objetivo 2: Instale aislamiento de tuberías y controles de vapor de agua en líneas de agua fría y en aparatos domésticos.

Guía 1: Instale aislamiento en el sistema hidrosanitario y controles de vapor de agua de acuerdo a los documentos de construcción. Proteja aislamientos porosos y materiales de control de vapor de agua con base de papel, contra el agua de lluvia.

Instalación del Sistema Hidrosanitario – Objetivo 3: Instale materiales que minimizarán el crecimiento de moho en áreas que se mojarán inevitablemente.

Guía 1: Instale materiales resistentes al moho y a la humedad en áreas que se mojan inevitablemente de acuerdo con los documentos de diseño.

Instalación del Sistema Hidrosanitario – Objetivo 4: Prepare materiales de operación y mantenimiento relacionados con la protección contra la humedad continua y efectiva para sistemas hidrosanitarios.

Guía 1: Provea o dirija a los contratistas, subcontratistas o fabricantes para que entreguen la información de operación y mantenimiento requerida para mantenimiento de los sistemas hidrosanitarios, aparatos, artefactos y materiales resistentes a la humedad que se usan en cuartos que regularmente se mojan. Entre los asuntos que deben cubrirse están el agua potable, agua para duchas y lavado, aguas residuales, sistemas hidrónicos de calentamiento, sistemas de enfriamiento con agua helada, sistemas de tinas de hidromasaje y piscinas, cuartos de lavandería, closets de servicio y vestidores de gimnasios o instalaciones deportivas. Las responsabilidades del constructor respecto a los materiales de capacitación debe especificarse en el contrato y puede incluir:

- Señales de fallas en el sistema hidrosanitario y en el sistema hidrónico de calefacción y enfriamiento.
- Frecuencia de la inspección.
- Método para reparar los problemas.

Verificación del Sistema Hidrosanitario

- Inspeccione la instalación del aislamiento del sistema hidrosanitario y controles de vapor de agua. Documente inspecciones con libros de registro y fotografías. El aseguramiento de la calidad es crucial para asegurar la cobertura completa del aislamiento y el control del vapor de agua en juntas y uniones y donde las tuberías se interconectan con otro equipamiento (p. ej., bombas, válvulas, tanques). Documente las inspecciones con listas de verificación firmadas cuadernos de registro y fotografías.
- Inspeccione las instalaciones hidrosanitarias para la aceptabilidad de instalación y materiales, para el cumplimiento con los documentos de diseño, y para acceso a las líneas antes de realizar pruebas. Use listas de verificación de instalación y provea documentación firmada de todos los resultados de las pruebas.
- Haga pruebas de presión del agua mientras están expuestas para inspección (es decir, antes que sean encerradas o aisladas). Cómo mínimo haga pruebas de presión del agua a líneas de suministro de acuerdo a la sección 312.5 del Código Internacional de Instalaciones Hidráulicas y Sanitarias o las secciones correspondientes de los códigos locales que apliquen.
- Haga pruebas a las partes de drenaje y de ventilación del sistema hidrosanitario cuando todas las líneas están expuestas para facilitar la inspección y reparación de acuerdo con las especificaciones de diseño y como se requiera en los códigos de edificación correspondientes. Cómo mínimo, haga pruebas de gravedad en las partes de drenaje y ventilación del sistema de acuerdo con las secciones 312.2, 312.3 y 312.4 del Código Internacional de Instalaciones Hidráulicas y Sanitarias o secciones correspondientes de otros códigos locales que apliquen.
- Inspeccione las tuberías y los accesorios aledaños ubicados en áreas que se mojan inevitablemente para asegurar el uso de materiales resistentes a la humedad y el moho. Documente las inspecciones con listas de verificación firmadas, libros de registro y fotografías.
- Desarrolle información de operación y mantenimiento por escrito, como lo requiera el contrato.

Instalación del Sistema de HVAC

Problema

La instalación inadecuada de sistemas de HVAC puede crear problemas de condensación y control de la humedad.

- El desempeño inadecuado de la deshumidificación y la presurización del sistema de HVAC, lo que puede provocar la falta de confort de los ocupantes y el crecimiento de moho.
- Condensación en componentes del equipo de HVAC, lo que puede dañar los componentes, incrementar los costos de mantenimiento, reducción de la vida útil del sistema y componentes y provocar el crecimiento de moho.
- Drenaje inadecuado de condensados recolectados u otra agua, lo que puede resultar en daños por humedad en la edificación y sus contenidos y en crecimiento de moho.
- Ventilación inadecuada de fuentes interiores de humedad (p. ej., duchas, cuartos de baño, tinas de hidromasaje y cocinas), lo que puede provocar crecimiento de moho y deterioros.

Objetivos

Instalación del Sistema de HVAC – Objetivo 1: Mantenga el equipo y materiales de HVAC secos durante la construcción y provea control de temperatura y humedad como se requiera durante la fase de encerrado de la construcción.

Instalación del Sistema de HVAC – Objetivo 2: Instale sistemas de HVAC para implementar efectivamente el control de la humedad como se especifique en los planos y especificaciones del diseño.

Instalación del Sistema de HVAC – Objetivo 3: Prepare los materiales de operación y mantenimiento para el desempeño continuo del control de la humedad del sistema de HVAC.

Guía

Instalación del Sistema de HVAC – Objetivo 1: Mantenga el equipo y materiales de HVAC secos durante la construcción y provea control de temperatura y humedad como se requiera durante la fase de encerrado de la construcción.

Guía 1: Planee cuándo y cómo el equipo de HVAC estará conectado y cómo será usado durante la construcción. Planee las inspecciones requeridas y las pruebas—quién, cuándo, resultados y correcciones—para que estas actividades se puedan completar antes que las tuberías, ductos y otros componentes hayan sido encerrados. Adicionalmente, planee la secuencia de instalación para que las pruebas puedan realizarse antes que los componentes del sistema sean encerrados.

Guía 2: Tome las medidas necesarias para asegurar que el equipo y materiales que deban quedarse secos, se mantengan secos. Prepare una lista de equipamiento y materiales que deben guardarse secos, las acciones planeadas para protegerlos durante la construcción, y las cómo actuar si se mojan.

- Programe la entrega de los componentes del sistema de HVAC para que estén protegidos inmediatamente del agua de lluvia y fugas de tuberías. Ductos galvanizados sin aislamiento pueden tolerar mojarse un poco, pero las manejadoras de aire, componentes aislados, componentes electrónicos, enfriadoras, compresores y controles, todos necesitan una protección efectiva contra el clima y la humedad.
- Programe la instalación de los componentes del sistema de HVAC para cuando la edificación o una parte de la edificación se haya hecho hermética al clima.
- Inspeccione los ductos y componentes aislados para revisar si presentan daños de humedad y crecimiento de moho al recibirse y antes de ser instalados.

Guía 3: Controle la temperatura y humedad durante la fase de cerrado de la construcción. Planee la transición de un espacio interior sin aire acondicionado a un espacio interior con aire acondicionado en conjunción con los diseñadores y propietarios:

- Identifique situaciones y procesos que requerirán control de la humedad para su instalación y el secado de materiales. Por ejemplo, losas de concreto pueden necesitar secarse antes que se coloque el acabado del piso; muros de concreto por debajo del nivel del suelo pueden necesitar estar secos antes que el aislamiento y los acabados sean instalados; y puede ser necesario que la temperatura y humedad estén controladas antes de aplicar pintura o barnices.
- Si es posible, use los sistemas de HVAC permanentes para proveer el clima acondicionado requerido. Siga la guía *Duct Cleanliness for New Construction Guidelines [Guía de Limpieza de Ductos para Construcciones Nuevas]* (SMACNA 2010).
- Si el equipo permanente de HVAC no puede ser usado, planee la calefacción, enfriamiento y deshumidificación temporal. NOTA: Dispositivos de combustión no ventilados agregan una gran cantidad de vapor de agua así como calor a un espacio y no se pueden usar para deshumidificar.

Instalación del Sistema de HVAC – Objetivo 2: Instale sistemas de HVAC para implementar efectivamente sistemas de control de la humedad en los planos y especificaciones del diseño. Implemente programas de aseguramiento de la calidad para sistemas de control higrotérmico. Provea las labores, materiales y equipo requeridos para apoyar las pruebas de terceras partes.

Guía 1: Planee las inspecciones requeridas—quién, cuándo, resultados y soluciones—para que puedan ser completados antes que los componentes del HVAC, particularmente los sistemas de distribución, sean encerrados.

Guía 2: Instale sistemas de HVAC, sistemas de recolección y drenaje de condensación, sistemas de aislamiento, barreras de aire y controles de vapor de agua de acuerdo a los documentos de construcción.

Inspeccione la instalación de:

- Bandejas de drenaje, salidas de bandejas de drenaje, trampas y eliminación de desechos.
- Ductos de HVAC incluyendo uniones y sellado previo a la instalación del aislamiento de ductos.
- Aislamiento y retardadores de vapor en superficies expuestas que se espera estén por debajo del punto de condensación del aire ambiental (p. ej., líneas de agua helada, líneas de refrigerantes, manejadoras de aire de aires acondicionados y heladeras), especialmente en transiciones (p. ej., aberturas a través de muros, pisos y cielorrasos; abrazaderas de soporte; válvulas; reguladores de ventilación; bombas; sopladores; y calibradores de presión o temperatura).
- Paneles de acceso para permitir la inspección y el mantenimiento de los componentes del HVAC (p. ej., manejadoras de aire, filtros, serpentines, bandejas de drenaje y el ducto de suministro cerca de la manejadora de aire).
- Sistemas de ventilación de extracción para sellado de ductos, aislamiento y control del vapor.

Instalación del Sistema de HVAC – Objetivo 3: Prepare los materiales de operación y mantenimiento para el desempeño continuo del control de la humedad del sistema de HVAC.

Guía 1: Provea o dirija a los contratistas, subcontratistas o fabricantes para que entreguen la información de operación y mantenimiento requerida para mantener los elementos de control de la humedad de los componentes del sistema de HVAC. Las responsabilidades del constructor deben estar enunciados en los contratos y pueden incluir:

- Requisitos de mantenimiento para filtros, serpentines, sistemas de drenaje de condensados, ductos, tuberías, aislamiento y barreras de vapor, bombas, válvulas, ventiladores, correas, lubricación y controles.
- Frecuencia de las inspecciones.
- Métodos para solucionar problemas.

Verificación del Sistema de HVAC

- Escriba un plan para el control de la humedad relacionado con el equipo de HVAC y el equipo dedicado al secado durante la construcción. Use fotografías, cuadernos de registro y reportes escritos para documentar las actividades de control de la humedad, problemas de agua y respuestas a problemas de agua.
- Las partes identificadas en los documentos de construcción o en los contratos deben realizar las pruebas como se requiera en el diseño o por el programa de aseguramiento de calidad interno. Estas pruebas incluyen:
  - Crear mapas de diferencia de presión del aire dentro del sistema para cada modo de operación.
  - Probar la meta de hermeticidad de los ductos de aire—antes de la instalación del aislamiento en ductos.
  - Probar el drenaje de condensados de la bandeja de drenaje in aires acondicionados.
  - Probar, ajustar y balancear el sistema de HVAC como diseñado.
  - Realizar otras pruebas e inspecciones requeridas por el plan de comisionamiento.
- Las pruebas e inspecciones deben estar documentadas con libros de registro de campo, pruebas de contenido de humedad y de emisión de vapor, y fotografías.
- Desarrolle información de operación y mantenimiento por escrito, como lo requiera el contrato.

REFERENCIAS

ASHRAE (American Society of Heating, Refrigerating and Air-Conditioning Engineers). 2016. *Standard 62.1-2016, Ventilation for Acceptable Indoor Air Quality.* Atlanta, GA: ANSI/ASHRAE/IES.
(El estándar de ventilación de ASHRAE provee la información necesaria para determinar los índices de ventilación para ocupaciones diferentes además de una cantidad de requerimientos de diseño de operación y mantenimiento para asegurar el desempeño adecuado del equipo de ventilación. La Sección 6.2.8 trata específicamente la ventilación de extracción. El Estándar 62.1 aplica a muchas situaciones.)

ASTM (American Society for Testing and Materials). 1996. *ASTM E1827-96, Standard Test Methods for Determining Airtightness of Buildings Using an Orifice Blower Door.* West Conshohocken, PA: ASTM International.

ASTM (American Society for Testing and Materials) E06.41 Technical Subcommittee. 2010. *ASTM E779-10, Standard Test Method for Determining Air Leakage Rate by Fan Pressurization.* West Conshohocken, PA: ASTM International.

ICC (International Code Council). 2012. *International Plumbing Code 2012.* ICC.
(El Capítulo 11 provee los requerimientos del código para drenaje de agua de tormentas, incluyendo requerimientos para el drenaje de techos. Las Secciones 312.2 a 312.5 especifican una prueba por gravedad de drenajes y ventilación de los sistemas sanitarios.)

Mold Litigation Task Force of the Associated General Contractors of America, Inc. 2003. "Managing the Risk of Mold in the Construction of Buildings." *CONSTRUCTOR.* May 2003.

USEPA (United States Environmental Protection Agency). 2005. *Authorization Status for EPA's Stormwater Construction and Industrial Programs: States, Indian Country and Territories Where EPA's Construction General Permit (CGP) and Multi-Sector General Permit (MSGP) Apply.* Washington, DC: USEPA. Consultado el 6 de Noviembre de 2013.
(Este sitio internet describe la autoridad competente—U.S. EPA, estatal, o gobierno local—para el cumplimiento con los requerimientos del National Pollutant Discharge Elimination System [NPDES] para la construcción en un estado especifico.)

USEPA (United States Environmental Protection Agency). 2006. *Construction Site Stormwater Runoff Control.* Washington, D.C.: USEPA.
(Este sitio internet describe las mejores practicas administrativas [BMPs] para el control de escorrentias de agua de tormentas en los sitios de construccion.)

USEPA (United States Environmental Protection Agency). 2006. *Stormwater Discharges from Construction Activities: Overview.* Washington, D.C.: USEPA. Consultado el 6 de Noviembre de 2013. www.epa.gov/npdes/stormwater-discharges-construction-activities#overview.
(Este sitio internet describe los requerimientos federales para el cumplimiento de los requerimientos del National Pollutant Discharge Elimination System [NPDES] para construcción.)

Capítulo 4: Operación y Mantenimiento de Ambientes con Humedad Controlada

Introducción

Las personas que mantienen una edificación funcionando—los mecánicos de HVAC, carpinteros, instaladores de sistemas hidrosanitarios, electricistas, ingenieros, conserjes y administradores—heredan ambas características buenas y problemáticas del diseño y la construcción de la edificación.

Este capítulo consiste de las siguientes secciones:

- Mantenimiento del Drenaje del Sitio.
- Mantenimiento de la Fundación.
- Mantenimiento de los Muros.
- Mantenimiento de los Ensamblajes de Techos y Cielorrasos.
- Operación y Mantenimiento del Sistema Hidrosanitario.
- Operación y Mantenimiento del Sistema de HVAC.

Cada sección se refiere a inspecciones regulares; la limpieza, lubricación, reparación o remplazos que puedan resultar de la inspección; y la documentación de las inspecciones y respuestas. Varias de estas secciones requieren el desarrollo de operaciones específicas y planes de mantenimiento. Los planes específicos a una sección pueden ser conjuntados en un plan maestro de control de la humedad.

Tabla 4-1 Resolución de Problemas Comunes de Agua en Interiores

SÍNTOMAS	PROBLEMAS DE HUMEDAD	CAUSAS POTENCIALES		
		DISEÑO	CONSTRUCTION	OPERACIÓN Y MANTENIMIENTO
Crecimiento de moho	Fugas en el cerramiento de la edificación debido a problemas con el control de la lluvia y del agua subterránea	Falta de detalles o detalles deficientemente diseñados	Falta de tapajuntas o de envolvente de la edificación Inclinación incorrecta Drenaje del subsuelo dañado	Fallas al identificar y reparar desnivelaciones del suelo cerca de la fundación Tapajuntas dañados en bordillos de manejadoras de aire colocadas en techos Tejas faltantes o desprendidas
	Deshumidificación insuficiente del sistema de HVAC[(a)]	Equipo de aire acondicionado de mayor tamaño de lo necesario Equipo de aire acondicionado no diseñado para proveer la suficiente deshumidificación en cargas de diseño máximas o de cargas parciales	Falla en la correcta colocación de cables de sensores de humedad	Temperatura de referencia del agua helada demasiado alta para la deshumidificación efectiva Temperatura de referencia del economizador que permite la entrada de aire húmedo exterior Manejadora de aire en operación continua sin considerar la demanda de enfriamiento
	Condensación en superficies sucias dentro del sistema de HVAC	Diseño de drenado de condensados deficiente Manejadora de aire dentro de superficies con aislamiento o difíciles de limpiar		Falta de limpieza de los serpentines de enfriamiento del sistema de HVAC Bandeja de drenaje taponada
	Materiales mojados encerrados en ensamblajes de la edificación	Materiales sensibles a la humedad en contacto con materiales porosos que es muy posible que se mojen Falta de valores del contenido de humedad máximo del cemento/ mamopsteria o de su máxima emisión de vapor en las especificaciones	Pisos instalados en la losa cuando está demasiado húmeda Probablemente no se hicieron pruebas de emisión de vapor en la losa	Falta de sellado de aberturas durante el mantenimiento, reparación o instalación de nuevos equipos
Pintura desprendida **Madera podrida** **Corrosión**	Fugas en el cerramiento de la edificación debido a problemas con control de la lluvia y del agua subterránea	Detalles faltantes o deficientemente diseñados	Falta de tapajuntas o de envolvente de la edificación Inclinación incorrecta Drenaje del subsuelo dañado	Fallas al identificar y reparar desnivelaciones del suelo cerca de la fundación Tapajuntas dañados en bordillos de manejadoras de aire colocadas en techos Tejas faltantes desprendidas
Fugas y derrames del sistema hidrosanitario	Diseño inapropiado Instalación inapropiada durante la construcción Prácticas inapropiadas de operación y mantenimiento	Colocar líneas de agua en un espacio que alcance temperaturas de congelación Receptáculo de ducha deficientemente diseñado	Uniones defectuosas en la tubería Penetración accidental de uno o más tornillos para muros de yeso en la tubería	Falta de inspección y reparación de problemas en tuberías

[(a)] Este problema puede ocurrir también durante la fase de licitación, negociación del contrato, o valuación de ingeniería de un proyecto cuando, por ejemplo, el equipo de aire acondicionado es remplazado por uno diferente del que se indica en el diseño.

Tabla 4-1 Continuación

SÍNTOMAS	PROBLEMAS DE HUMEDAD	CAUSAS POTENCIALES		
		DISEÑO	CONSTRUCTION	OPERACIÓN Y MANTENIMIENTO
Agua desplazándose a materiales que no pueden tolerar mojarse	Movimiento capilar (el agua se absorbe a través de materiales porosos como el concreto o la madera)	Barrera de humedad omitida en el diseño de la edificación Capa de drenaje debajo de la losa omitido en el diseño de la edificación	No se instaló un barrera de humedad durante la construcción No se instaló un barrera de drenaje durante la construcción	
Condensación	Aire exterior húmedo y cálido entra en el recinto por grietas y hoyos durante climas cálidos y húmedos[b]	Barrera de aire omitida en el diseño de la edificación El diseño de la edificación no indica la operación de la edificación bajo presión positiva	Controles de humedad deficientemente implementados durante la construcción (p. ej., bloques de concreto se dejaron fuera de una área con sofito)	
	Aire interior cálido y húmedo sale del recinto por grietas y hoyos durante climas fríos[c]	Barrera de aire omitida en el diseño de la edificación Barrera de aire diseñada para el ático es imposible de instalar Edificación diseñada inapropiadamente, operar bajo presión positive en un clima extremadamente frío	Barrera de aire deficientemente instalada Hoyos cortados en barreras de aire bien instaladas para permitir el paso de cables, conductos o ductos	Fallas al resellar las aberturas de acceso que penetran a través de un ensamblaje Cambios en las operaciones del sistema de HVAC hacen que la edificación opere bajo presurización positiva
	Barreras de vapor instaladas inadecuadamente en muros exteriores	Barrera de vapor inapropiadamente especificada en ambos lados de un ensamblaje de muros prevenir el secado de la pared cuando se moje Barrera de vapor ubicada inapropiadamente en superficies interiores en climas calientes y húmedos	Barreras de vapor como cubiertas de muro de vinilo, espejos y pizarrones instalados no intencionalmente en la parte interna de muros exteriores en climas calientes y húmedos (pueden crear una barrera de vapor en la parte fría del muro)	Cubiertas de muro de vinilo, espejos o pizarrones puestos en la parte interna de muros exteriores en climas calientes y húmedos (pueden crear una barrera de vapor en la parte fría del muro)
	Fuentes de humedad no ventiladas o deficientemente ventiladas (p. ej., piscinas, tinas de hidromasaje, acuarios, lavavajillas, artefactos de combustión, cocinas y duchas)	Ventilación de extracción para fuentes de humedad omitida en el diseño del sistema HVAC Insuficiente ventilación de extracción especificada en el diseño del sistema de HVAC	Fugas en ductos de extracción Balance inadecuado en sistemas de extraccion de entradas múltiples Reguladores de ventilación de extracción cerrados	Banda rota en un ventilador Rejillas o ductos de extracción taponados
Desprendimiento de laminados **Curado inapropiado**	Materiales mojados encerrados en recinto de edificaciones	Materiales sensibles a la humedad mostrados tocando materiales porosos que es muy posible que se mojen No se dan los valores del maximo contenido de humedad o de emisión de vapor en las especificaciones	Pisos instalados en la losa cuando está demasiado húmeda Probablemente no se hicieron pruebas de emisión de vapor en la losa	

[b] La fuga de aire puede deberse a hoyos en el cerramiento hechos por los ocupantes, contratistas o personal de mantenimiento, o puede haber sido causado por cambios en la secuencia de control del aire exterior y sistema de extracción.
[c] El problema de condensación en el interior puede ser mayormente agravada si existen fuentes significantes de humedad dentro de la edificación.

Mantenimiento del Drenaje del Sitio

Problema

Fallas en el mantenimiento de los sistemas de drenaje pueden provocar inundaciones inesperadas durante eventos de lluvias fuertes o deshielo, causando daños extensos en la propiedad.

Objetivos

Drenaje del Sitio – Objetivo 1: Los sistemas de mantenimiento de las instalaciones y planes de mantenimiento preventivo abordan efectivamente el drenaje del sitio.

Drenaje del Sitio – Objetivo 2: Toda la escorrentía de estacionamientos, aceras y otras superficies impermeables o de baja permeabilidad es desviada hacia un sistema de drenaje designado.

Drenaje del Sitio – Objetivo 3: Desarrollo del sitio o modificaciones o adiciones a la edificación futuras no interfieren con sistemas de drenaje del sito existentes.

Guía

Drenaje del Sitio – Objetivo 1: Los sistemas de mantenimiento de las instalaciones y planes de mantenimiento preventivo abordan efectivamente el drenaje del sitio.

Guía 1: Desarrolle e implemente un plan de mantenimiento preventivo para áreas verdes y estructuras del drenaje. El propósito del plan es asegurar que todos los sistemas de drenaje cumplen con el propósito para el que fueron diseñados. El plan debe incluir:

- Una introducción e información general.
  - Nombre y datos generales de las personas responsables de operación y mantenimiento.
  - Un resumen escrito describiendo el sitio y las bases de operación del sistema de drenaje.
- Una definición de los requerimientos de inspección para cada elemento del drenaje.
  - Se debe especificar la frecuencia de las inspecciones (Ver Apéndice C).
  - Qué debe buscarse.
- Definiciones de las actividades de mantenimiento necesarias para mantener cada elemento del drenaje en operación como se ha previsto.
  - Limpiar deshechos de los sistemas de desvío para prevenir la obstrucción del agua.
  - Remover sedimentos del fondo de los vados vegetados (Ver Apéndice F para ejemplos de listas de verificación).
- Contratos y acuerdos de mantenimiento. Si los contratistas son responsables de algunos o todos los requerimientos de mantenimiento, haga una lista de los contratistas con nombres y datos generales y responsabilidades.

Guía 2: Desarrolle e implemente un plan de mantenimiento preventivo para mantener estacionamientos, aceras y otras superficies impermeables.

- Lea, comprenda, y cumpla con los requerimientos de inspección y mantenimiento o mejores prácticas administrativas para superficies impermeables.
- Desarrolle una lista de verificación de inspecciones y libro de registros (Ver Apéndice F para ejemplos de listas de verificación).

Drenaje del Sitio – Objetivo 2: Toda la escorrentía de los estacionamientos y otras superficies impermeables o de baja permeabilidad es desviada hacia un sistema de drenaje designado.

Guía 1: Asegúrese que las acciones como la remoción de nieve de las aceras y estacionamientos no obstruya el drenaje o apile la nieve contra la edificación.

Guía 2: Informe a todos los subcontratistas y paisajistas de los sistemas de drenaje en el sitio para que su trabajo no interfiera con el drenaje. Haga que noten si hay problemas de drenaje mientras trabajan.

Drenaje del Sitio – Objetivo 3: Desarrollo del sitio o modificaciones o adiciones a la edificación futuras no interfieren con sistemas de drenaje del sito existentes.

Guía 1: Asegure que cambios como áreas adicionales de estacionamiento (aun estacionamientos de tierra no pavimentados) no sobrecarguen la capacidad de sistemas existentes o cambien de dirección la escorrentía hacia adentro de la edificación. Aun proyectos menores como agregar jardineras, o vías peatonales pueden afectar la capacidad de infiltración y redirigir la escorrentía.

Guía 2: Las personas a cargo del mantenimiento de los sistemas de drenaje deben participar en el diseño de cualquier desarrollo o modificación de la edificación.

Verificación del Mantenimiento del Drenaje del Sitio

Conserve y mantenga registros de todas las inspecciones incluyendo las listas de verificación completadas. Incluya fotografías y reportes de pruebas para que los cambios de condiciones puedan ser verificados.

Mantenimiento de la Fundación

Problema

El agua de lluvia y el deshielo pueden causar intrusión de humedad no deseada a través de la fundación de una edificación. Las fundaciones son vulnerables a problemas crónicos de humedad del agua de lluvia, aguas subterráneas fugas de tuberías, y condensación. La inspección regular, particularmente de áreas normalmente desocupadas, es de gran importancia para reducir el riesgo de daños serios en la fundación y el riesgo de afectos adversos a la salud de los ocupantes.

Objetivos

Drenaje de la Fundación – Objetvo 1: Los sistemas de drenaje de la fundación desvían el agua alejándola de la estructura.

Guía

Drenaje de la Fundación – Objetivo 1: Los sistemas de drenaje de la fundación desvían el agua alejándola de la estructura.

Guía 1: Inspeccione el exterior de la fundación y las áreas verdes que la rodean.

- Verifique si las áreas verdes que la rodean desvían el agua alejándola de la envolvente de la edificación. Note cualquier asentamiento del suelo o agua de lluvia estancada.
- Verifique las condiciones de los bajantes de techo.
- Inspeccione la fundación por si hay cambios en las grietas existentes y si hay nuevas grietas que puedan indicar problemas de agua.
- Inspeccione la intersección y pendiente de aceras, patios y pavimentos comparando el drenaje con la edificación adyacente para localizar filtraciones potenciales.
- Vea si hay árboles que hayan nacido y plantado cerca de líneas de drenaje. Remuévalos o pódelos según sea necesario.
- Verifique los artefactos exteriores del sistema hidrosanitario, mangueras y líneas de irrigación para localizar fugas.
- Realice inspecciones cada seis meses y después de lluvias torrenciales o de deshielo rápido.

Guía 2: Inspeccione el interior de la fundación.

- Inspeccione la fundación para cambios en grietas existentes y nuevas grietas que puedan indicar problemas de agua.
- Verifique las condiciones y funcionamiento de la olla de sumidero, drenajes y bomba.
- Vea si hay señales de filtraciones o absorción (p. ej., manchas de agua, materiales excesivamente húmedos, florecimientos, pintura despegada, o crecimiento de moho) en materiales de la fundación y acabados interiores.
- Verifique si hay olor de humedad o moho.
- Vea si hay materiales de madera hinchados, torcidos o enmohecidos.
- Determine la temperatura y la humedad relativa. Registre la fecha, tiempo y operación de sistemas mecánicos, la temperatura y la humedad relativa.
- Vea si hay alfombras manchadas, pisos de hoja de vinilo o de baldosas de composición de vinilo (VCT) con ampollas y burbujas indicando fallas en el adhesivo así como adhesivos saliéndose de las juntas entre las baldosas.
- Vea si hay condensación en tuberías, tanques, inodoros, bombas, ductos, muros y pisos.

Verificación del Mantenimiento de la Fundación

- Documente las inspecciones y respuestas usando una lista de verificación y sistema de orden de trabajo.

Mantenimiento de Muros

Problema

Fallas al inspeccionar y mantener adecuadamente muros interiores y exteriores puede resultar en problemas de humedad que pasan desapercibidos o sin reparar. Daños no percibidos en muros pueden hacer necesaria la reparación de componentes múltiples a altos costos y puede crear riesgos de salud asociados con crecimiento de moho en el interior de muros.

Objetivos

Mantenimiento de Muros – Objetivo 1: Crear y operar sistemas de verificación e inspección para detectar problemas potenciales de humedad antes que sucedan daños.

Mantenimiento de Muros – Objetivo 2: Mantener efectivamente los muros para prevenir problemas de humedad, como previstas en el diseño.

Guía

Mantenimiento de Muros – Objetivo 1: Crear y operar sistemas de verificación e inspección para detectar problemas potenciales de humedad antes que sucedan daños.

Guía 1: Desarrolle listas de verificación de inspecciones y sistemas de archivo de registros.

- Desarrolle un manual de ensamblajes de muros y libro de registros. Incluya el tipo de muro, información del contratista, procedimientos de mantenimiento, un registro de inspecciones y de ítems relacionados.
- Desarrolle una lista de verificación de ensamblajes de muros. Úsela como guía para evaluar los bloques de concreto, tapajuntas y placas de escurrimiento, tapas y ensamblajes de drenaje.
- Desarrolle planos de elevación para hacer un mapa y localice los problemas encontrados durante las inspecciones.

Figura 4-1 Muro Interior Mostrando Daños por Agua y Moho

- Desarrolle y mantenga registros de inspecciones y reparaciones de todos los muro exteriores, incluyendo fotografías de antes y después para documentar los resultados de las actividades de mantenimiento y reparación.

Mantenimiento de Muros – Objetivo 2: Mantener efectivamente los muros para prevenir problemas de humedad, como previstas en el diseño.

Guía 1: Realice inspecciones, registre los resultados y haga las reparaciones necesarias.

- Inspeccione los muros periódicamente y después de lluvias y vientos fuertes. Se recomienda realizar inspecciones durante cada estación.
- Revise muros interiores y cielorrasos por si hay señales de daños de agua of manchas (Ver Figura 4-1).
- Inspeccione muros exteriores y aleros de techo:

- Vea si hay señales de humedad grietas o desplazamiento.
- Vea si hay bloques agrietados, sueltos o fragmentados en muros de mampostería de ladrillo.
- Inspeccione juntas por si el mortero está deteriorado.
- Vea si hay crecimiento de moho o algas.
- Tome en cuenta que la hiedra que crece en muros de ladrillo puede penetrar vacíos en el mortero y puede causar penetración de la humedad.
- Abra los hoyos de goteo usando un taquete de madera, o un alambre duro. NOTA: se debe tener cuidado para evitar dañar el tapajuntas cuando se limpien los hoyos de goteo.
- Inspeccione la eficacia del masillado y selladores en las juntas del enladrillado y otros materiales como ventanas, puertas y juntas de expansión.
- Inspeccione tapajuntas y contrachapas de escurrimiento. Vea si hay tapajuntas sueltos o que falten sujetadores, bordes o traslapes abiertos, esquinas sin sellador, y metal oxidado o corroído.
- Identifique y repare problemas antes que el agua cause daños a los muros.
- Incorpore los resultados de cada inspección al manual del usuario y al libro de registros.

Verificación del Mantenimiento de Muros

Incorpore las formas de inspección llenas y las listas de verificación llenas al manual del usuario y al libro de registros.

Mantenimiento de Ensamblajes de Techos y Cielorrasos

Problema

Los ensamblajes de techos y cielorrasos se pueden deteriorar por el uso normal, por climas extremos, el movimiento de la edificación, y diseño, construcción y mantenimiento inadecuados. Si no se corrigen los problemas de techos y cielorrasos prontamente, pueden causar daños adicionales a la envolvente de la edificación y al interior de la edificación. Problemas de techos y cielorrasos no corregidos pueden también causar bajas en la productividad de los ocupantes, daños a los contenidos y fallas en la integridad estructural de la edificación.

Objetivos

Mantenimiento de Techos – Objetivo 1: Los sistemas de mantenimiento de la instalación y los planes de mantenimiento preventivo abordan efectivamente los problemas de control de la humedad en ensamblajes de techos y cielorrasos.

Mantenimiento de Techos – Objetivo 2: La humedad no penetra los ensamblajes de techos y cielorrasos, ni se colecta en elementos exteriores de humedad, excepto como previsto en el diseño.

Guía

Mantenimiento de Techos – Objetivo 1: Los sistemas de mantenimiento de la instalación y los planes de mantenimiento preventivo abordan efectivamente los problemas de control de la humedad en ensamblajes de techos y cielorrasos.

Guía 1: Lea, comprenda y cumpla con los términos y condiciones de la garantía del fabricante o de los contratistas instaladores.

Guía 2: Desarrolle las herramientas para inspecciones de rutina y mantenimiento.

- Desarrolle una lista de verificación de inspección para ensamblajes de techos y cielorrasos (Ver ejemplo en Apéndice B). Úselo como guía para observar y avaluar el techo y sus sistemas, equipo montado en el techo, problemas de drenaje y trafico recurrente.
- Desarrolle un manual del usuario y libro de registros para el ensamblaje de techos y cielorrasos. Incluya información como:
  - El tipo de techo, canalones, sistema de bajantes externos, y drenaje interior y cubierta.
  - Información del contratista de instalación.
  - Fabricantes del techo ensamblaje de cielorraso y sistema de drenaje.
  - Información de la garantía.
  - Registro de inspecciones.
  - Prepare un mapa mostrando todos los elementos de ensamblajes de techos y cielorrasos como escotillas, equipo de HVAC, drenajes, canalones, bajantes, embornales, respiraderos y cambios de ángulo del techo. Use este mapa para ubicar los ítems de interés observados durante la inspección (Ver ejemplo de mapa de una ensamblaje de tacho y cielorraso en el Apéndice B).

Mantenimiento de Techos – Objetivo 2: La humedad no penetra los ensamblajes de techos y cielorrasos, ni se colecta en elementos exteriores de humedad, excepto como previsto en el diseño.

Guía 1: Inspeccione los ensamblajes de techos y cielorrasos para determinar si están desempeñando sus funciones previstas; para identificar señales de debilidad, deterioro o peligros; y para identificar reparaciones necesarias.

Frecuencia de la Inspección

- Inspeccione cada seis meses o de acuerdo con los requerimientos del fabricante y ton prono sea posible después de lluvia o vientos fuertes.
- Realice inspecciones especiales después de eventos como construcción en el techo o techos adyacentes, instalación de equipos sobre el techo, incendios o vandalismo.

Prepárese para Inspecciones

- Revise, aprenda y siga los procedimientos de seguridad de techos.
- Revise informes de inspecciones anteriores, documentos de construcción e informes de mantenimiento y reparaciones pasadas antes de inspeccionar el techo.

Realice Inspecciones

- Use escaleras para inspeccionar techos inclinados. Asegúrese que todas las escaleras cumplen con, tienen mantenimiento y son usadas de acuerdo con, los requerimientos de *29 CFR Occupational Safety and Health Regulation de la Occupational Safety and Health Administration (OSHA)* [*29 CFR Reglamento de Seguridad y Salud Ocupacional de la Administración de Seguridad y Salud Ocupacional*].
- No apoye las escaleras contra los canalones. Cuando esté en el techo, tenga cuidado de pisar en las partes planas de los paneles sobre los elementos estructurales y no en los traslapes laterales o en juntas levantadas.
- Inspeccione los muros interiores y cielorrasos por si hay señales de penetración de agua (p. ej., daños por agua o manchas) o alteraciones estructurales. Si es posible, verifique la parte de abajo de la plataforma del techo. Vea si hay daños de agua o de insectos, deterioro de la plataforma, oxidación, asentamientos, estancamientos de agua u otros daños físicos. Inspeccione la superficie interior de muros exteriores y aleros de techos por si hay señales de humedad, agrietamiento o desplazamiento.
- Inspeccione muros exteriores y aleros de techos por si hay señales de humedad, agrietamiento o desplazamiento. Inspeccione los terrenos exteriores alrededor de las edificaciones por si hay señales de estancamiento, lo que puede significar bloqueos.
- Inspeccione la continuidad en la cubierta del techo y el borde. Vea si hay traslapes y uniones deteriorados, dañados o sueltos, sujetadores sueltos o que falten, herrumbre o corrosión, daños físicos en la cubierta del techo, y la acumulación de escombros y vegetación. Vea si hay aislamiento del techo suave y muros agrietados, fragmentados o descoloridos.
- Inspeccione por si hay infiltración de humedad. Ponga atención especial a las áreas donde los puros o parapetos se intersectan con el techo, alrededor de unidades de HVAC colocadas en el techo, y alrededor de tragaluces u otras aberturas en el techo. Revise si hay sellos contra el clima rotos o que falten en las armazones de equipos y masillado agrietado o faltante.
- Inspeccione los tapajuntas en intersecciones de muro-techo y en bordillos. Vea si hay tapajuntas sueltos o que falten sujetadores, orillas o juntas de traslapes abiertas, esquinas sin sellar y metal oxidado o corroído. Si el masillado o el alquitrán han sido usados como reparación temporal, inspeccione por si tiene agrietamientos. También inspeccione los tapajuntas alrededor de los bordillos, escotillas de acceso y equipo colocado en el techo. Cuando se requieran desplazamientos, asegúrese que los paneles del techo y los tapajuntas se muevan independientemente.
- Inspeccione cumbreras, lima hoyas y lima tesas. Vea si hay sujetadores sueltos o que falten, orillas abiertas o juntas de traslapes abiertas, daños de hechos al caminar y metal corroído. En lima hoyas, verifique para estar seguro que la cubierta del techo está asegurado en los bordes de la lima hoya y que no hay obstrucciones bloqueando el flujo del agua.
- Inspeccione el sistema de drenaje. Revise los canalones y bajantes por si hay sujetadores sueltos o que falten, juntas sueltas, corrosión y basura. Asegure que los selladores y la soldadura están en buenas condiciones. Revise los bajantes, drenajes de techo interiores, embornales y salidas para asegurar que no están bloqueadas. Si es posible, alumbre con una lámpara de mano en cada bajante y tubo de desagüe para verificar si hay bloqueos. Si se sospecha de bloqueos en un bajante que corre en el interior de una edificación, limpie el bajante con una sonda desatascadora o con una barrenadora de cable mecánica. No use agua para tratar de purgar un bajante interior que se sospeche está bloqueado. Si un drenaje de techo está bloqueado con hielo, no trate de abrirlo picando o partiendo el hielo. Asegure que todas las juntas están correctamente selladas. Inspeccione los hoyos de goteo de mampostería por si hay señales de goteo.
- Vea si hay encharcamientos o agua estancada en el techo. Ponga atención especial a áreas rodeando escotillas, bordillos, tragaluces, y otros elementos que puedan impedir el drenaje del techo. Otra indicación de falla del sistema de drenaje es la acumulación de escombros en el techo. Quite toda la basura y escombros de la superficie del techo.

Agua estancada puede dañar la grava y gránulos o las capas aplicadas líquidas en los techos. Una vez que estas capas se han dañado, la luz del sol puede degradar la membrana del techo. Vea en los canalones si hay gránulos minerales de las tejas, que pueden indicar que las tejas están desgastadas. Una pequeña abertura puede permitir que el agua estancada se filtre por debajo de la membrana. El desplazamiento puede indicar problemas estructurales que tienen que atenderse.

- Incluya pruebas no destructivas como termografía infrarroja u otras pruebas apropiadas si se sospecha de intrusión de humedad.
- Registre e informe los hallazgos de la inspección.
- Informe inmediatamente cualquier condición insegura de trabajo o problemas potenciales del sistema.

Consideraciones Especiales para Membranas de Techos

- Ponga atención especial a áreas entre la cercha y las vigas del techo, que son los puntos donde es más posible el desplazamiento de techos.
- Inspeccione la membrana del techo por si hay intrusión de humedad. Ponga especial atención a las juntas entre dos hojas de la membrana y en los cambios de ángulo del techo:
  - Techos de chapas de membrana bituminosa: Vea si hay ampollas causadas por la expansión de aire o vapor de agua atrapada por debajo. También vea si hay grietas en la membrana, separaciones, rugosidades y levantamiento de la membrana en las uniones.
  - Membranas elastómeras: Vea si hay uniones abiertas, encogimiento y sujetadores salidos. Inspeccione el techo por si hay daños después de tormentas de viento. Ponga especial atención a la superficie de la membrana, el metal del bordo del techo, tapajuntas, canalones y bajantes.
  - Sistemas de techo balastrados: Vea si hay balastras y paneles de aislamiento desplazadas o que falten debajo de la membrana del techo.
  - Sistemas de techo adherido: Vea si hay áreas sueltas en la membrana, paneles de aislamiento y sujetadores y placas de aislamiento desplazados. En sistemas de techo colocados mecánicamente, vea si hay cortes en la membrana, paneles de aislamiento y sujetadores y placas de aislamiento desplazados. Inspeccione por si hay tapajuntas sueltos. También inspeccione unidades de HVAC sobre el techo por si hay componentes de hoja de metal sueltos o que falten.

Consideraciones Especiales para Techos de Tejas de Asfalto

Ponga atención especial a la parte superior de ranuras verticales entre lengüetas. Esta área es generalmente la última en secarse. El crecimiento de musgo y liquen en techos de asfalto mantiene los materiales del techo excesivamente húmedos, luego entonces use una manguera de agua con boquilla para remover el musgo y liquen. Rocíe desde el techo hacia abajo de la pendiente para evitar que el agua se meta debajo de las tejas.

Guía 2: Repare según sea necesario para cumplir o exceder los requerimientos de la garantía.

Desarrolle un plan de trabajo de mantenimiento para corregir condiciones deficientes de una manera oportuna.

Verificación del Mantenimiento de Ensamblajes de Techos y Cielorrasos

- Incorpore la lista complete y el mapa en el manual del usuario y cuaderno de registros cada vez que se complete una inspección.
- Guarde y mantenga registros de todas las inspecciones, incluyendo la lista de verificación. Incluya fotografías e informes de pruebas para que los cambios en las condiciones del techo puedan ser verificadas.

Operación y Mantenimiento del Sistema Hidrosanitario

Problema

El mantenimiento inadecuado de sistemas hidrosanitarios pueden provocar inundaciones o aumento de condensados. Ya que las tuberías están generalmente ubicadas en áreas que no están a la vista de los ocupantes, el mantenimiento deficiente puede ocasionar crecimiento de moho desapercibido que puede dañar la edificación y sus contenidos, así como causar riesgos de salud a los ocupantes.

Objetivos

Mantenimiento del Sistema Hidrosanitario – Objetivo 1: Los sistemas hidrosanitarios son inspeccionados y mantenidos para evitar inundaciones o condensación.

Guía

Mantenimiento del Sistema Hidrosanitario – Objetivo 1: Los sistemas hidrosanitarios son inspeccionados y mantenidos para evitar inundaciones o condensación.

Guía 1: Desarrolle un plan de inspección y mantenimiento del sistema hidrosanitario. El plan debe incluir:

- El nombre, dirección y número de teléfono de la persona o personas responsables de la inspección y mantenimiento del sistema hidrosanitario.
- Requerimientos específicos preventivos y correctivos de mantenimiento, que pueden ser en forma de listas de verificación. Las listas de verificación de la inspección deben ser desarrolladas para:
  - Tuberías, bombas y válvulas de agua de suministro y distribución.
  - Equipamiento para uso de agua como lavabos y bebederos.
  - Calentadores de agua y tanques de almacenamiento.
  - Sistemas de rociadores contra incendios, que deben ser inspeccionados de acuerdo con los estándares de la National Fire Protection Association (NFPA) o los requerimientos de los códigos locales.
  - Sistemas de drenaje de la edificación como drenajes de piso, sumideros y bombas.
  - Otros sistemas hidrosanitarios y componentes como aislamiento de tuberías de la edificación.
- Un programa regular de inspecciones y de tareas de mantenimiento de rutina.
- Registros detallados de todas las tareas preventivas y correctivas, incluyendo todas las órdenes de trabajo relacionadas con el mantenimiento.
- Equipo, herramientas y provisiones de mantenimiento necesarios.
- Acciones de respuesta a emergencias.
- Procedimientos y equipo necesarios para proteger la seguridad y salud de los inspectores y trabajadores de mantenimiento.
- Literatura y garantías de los fabricantes de los componentes del sistema.
- Planos de construcción de cómo fue construida la edificación (incluyendo cambios después de la construcción).
- Capacitación del personal de mantenimiento.

Guía 2: Inspeccione los sistemas hidrosanitarios y componentes. Asegúrese que:

- Las inspecciones son realizadas de acuerdo con el programa del plan de inspecciones y mantenimiento del sistema hidrosanitario.
- Los resultados de las inspecciones son registrados en el plan de inspecciones y mantenimiento del sistema hidrosanitario.
- Las órdenes de trabajos son preparadas por requerimientos de mantenimiento encontrados durante las inspecciones.

Guía 3: Mantenga los sistemas hidrosanitarios y componentes desempeñando con regularidad el mantenimiento preventivo programado y mantenimiento no programado para corregir problemas que se descubran durante las inspecciones.

Verificación de la Operación y Mantenimiento del Sistema Hidrosanitario

- Listas de verificación de inspección completas.
- Listas de verificación de mantenimiento completas.

Operación y Mantenimiento del Sistema de HVAC

Problema

Fallas en el mantenimiento adecuado de sistemas de HVAC pueden provocar problemas de humedad incluyendo pérdida del control de la humedad, condensación y bandejas de drenaje rebosadas. Inspecciones y mantenimiento programados regularmente pueden prevenir las fallas inesperadas de equipos y reducir el costo del ciclo de vida del equipamiento. El mantenimiento apropiado de sistemas de HVAC ayuda a asegurar el confort de los ocupantes y las cualidades de un aire interior sano.

Objetivos

Operación y Mantenimiento del Sistema de HVAC – Objetivo 1: Los sistemas de administración del mantenimiento de las instalaciones y los planes de mantenimiento preventivo abordan el control de la humedad en sistemas de HVAC efectivamente.

Operación y Mantenimiento del Sistema de HVAC – Objetivo 2: Los sistemas de HVAC se mantienen como previsto en las especificaciones del fabricante y el diseño del sistema para controlar la humedad efectivamente.

Guía

Operación y Mantenimiento del Sistema de HVAC – Objetivo 1: Los sistemas de administración del mantenimiento de las instalaciones y los planes de mantenimiento preventivo abordan el control de la humedad en sistemas de HVAC efectivamente.

Guía 1: Desarrolle e implemente sistemas de administración del mantenimiento de las instalaciones y planes de mantenimiento preventivo (PM) del sistema de HVAC, o revise y corrija los sistemas y planes existentes, para controlar la humedad efectivamente. Los sistemas de administración del mantenimiento y planes de PM para sistemas de HVAC deben:

- Incorporar el control de la humedad en los objetivos de funcionamiento que guían el programa de mantenimiento (p. ej., como un objetivo por sí mismo, como parte de un objetivo de calidad del aire interior, o como parte de un objetivo de fiabilidad o de minimización de costos a largo plazo).
- Desarrolle un objetivo de desempeño para el control de la humedad (p. ej., cantidad de fugas no anticipadas, dinero gastado en reparaciones de fugas, cantidad de horas cuando la humedad relativa interior está dentro del rango especificado de diseño, etc.) y monitoree el desempeño para determinar si el objetivo ha sido alcanzado.
- Mantenga registros de todas las instalaciones, inspecciones y mantenimiento del sistema de HVAC, junto con la información de garantía y requerimientos.
- Incorpore las mejores prácticas para el control de la humedad en la inspección y mantenimiento de sistemas de HVAC. Se debe poner especial atención a serpentines y bandejas de drenaje, humidificadores, torres de enfriamiento, la entrada de aire cargado de humead y el potencial de condensación. (Ver Operación y Mantenimiento de Sistemas de HVAC, Objetivo 2 para una guía más detallada para realizar inspecciones de mantenimiento del sistema de HVAC).
- Asegúrese que quienes planean y programan, asignen inspectores que son conocedores de los sistemas de HVAC e hidrosanitario que está siendo inspeccionado.
- Programe inspecciones regulares al menos cada seis meses o de acuerdo con los requerimientos del fabricante. Inspecciones adicionales deben programarse tan pronto sea posible después de vientos y lluvias fuertes o después de cualquier construcción o instalación que pudiera afectar la integridad de estos sistemas, especialmente sus componentes instalados en el exterior.
- Cuando se desarrollan órdenes de trabajo para tareas de mantenimiento relacionadas con la humedad, incluya las mejores prácticas y listas de verificación para inspecciones detalladas y tareas de mantenimiento. (Ver Operación y Mantenimiento de Sistemas de HVAC, Objetivo 2) en el alcance de trabajo e instrucciones.

- Incorpore las mejores prácticas y listas de verificación (Ver Operación y Mantenimiento de Sistemas de HVAC, Objetivo 2) en programas de capacitación para inspectores y mantenimiento de personal que tratara con estos sistemas de drenaje.
- Dé prioridad a problemas de control de la humedad en mantenimiento preventivo, mantenimiento general y reparación, y planes de renovación de capital y presupuestos.

Operación y Mantenimiento del Sistema de HVAC – Objetivo 2: Los sistemas de HVAC se mantienen como previsto en las especificaciones del fabricante y el diseño del sistema para controlar la humedad efectivamente.

Guía 1: Mantenga los componentes del sistema de HVAC de acuerdo con los requerimientos del fabricante y las recomendaciones de control de la humedad de esta guía. Cómo mínimo, los siguientes componentes del sistema de HVAC deben ser inspeccionados como parte del programa de PM.

Termostatos

- Los termostatos deben ser verificados en el otoño y en la primavera, un poco después del cambio de horario de verano de ahorro de luz diurna, o cuando se reciban quejas acerca del confort térmico.

Verificación de la Operación y Calibración del Termostato

- Si el termostato es programable, asegúrese que el reloj esta correctamente puesto a tiempo y que el termostato este programado para las horas cuando la edificación esta ocupada.
- Coloque un termómetro calibrado cerca del termostato. Ponga una toalla de papel o cualquier otro material entre el termómetro y el muro para asegurar que la temperatura del muro no interfiere con la lectura del termómetro.
- Permita que el termómetro se estabilice. El tiempo que dure esto en tomar depende de tipo de termómetro usado.
- Compare las lecturas del termostato y del termómetro. Si el termostato difiere por más de 1°F, hay un problema y se debe hacer lo siguiente:
  - Quite la tapa del frente del termostato y vea si el termostato está sucio. Cepille con cuidado o sople para remover cualquier polvo acumulado.
  - Si los puntos de contacto están accesibles, límpielos con un trapo suave. No use lijas o cualquier otro material abrasivo.
  - Si el termostato tiene un interruptor de mercurio, verifique que está al nivel. Tenga cuidado de no romper el tubo que contiene el mercurio.
  - Verifique detrás del termostato para asegurarse que el hoyo para los cables esta masillado para prevenir que el aire dentro del muro interfiera con la lectura del termostato.
  - Permita que las temperaturas se estabilicen y compare las lecturas del termostato y termómetro otra vez. Si aún difieren por más de 1°F, remplace el termostato.

Controle la Secuencia

- Asegúrese que los relojes en todos los sistemas leen el tiempo y la fecha (si esto aplica) correctamente; haga ajustes si es necesario.
- Verifique que el equipo está apagado o energizado de acuerdo a la secuencia del control. (Observe la operación actual de los ventiladores, reguladores de ventilación, y válvulas, así como la operación de la unidad de control.)

Tomas de Aire Exterior

- Inspeccione el área alrededor de las tomas de aire para buscar fuentes potenciales de contaminación como basureros, botes de basura, materia orgánica en descomposición y motores encendidos de autos en reposo o áreas de estacionamiento. Si hay fuentes de contaminación cercanas a la toma de aire, muévalas si es posible. Si las fuentes contaminantes no son móviles, otras medidas pueden ser requeridos para prevenir la entrada de contaminantes transportados en el aire. Estas medidas pueden incluir recolocar las tomas de aire o instituir cambios de reglas como prohibir mantener los motores encendidos de autos en reposo.
- Inspeccione la rejilla de la toma de aire exterior y la malla de protección detrás de ésta. Vea si tiene señales de filtraciones de lluvia y mallas taponadas. Si el agua de lluvia se mete en la toma de aire exterior, modifique como sea necesario para evitar la entrada de agua. Quite las hojas cortadas de césped, polvo y otros materiales que obstruyan la entrada de aire. Tenga cuidado al hace esto durante los meses cálidos pues abejas, avispas, u

otros insectos ponzoñosos pueden haberse anidado en la toma de aire. NOTA: No use pesticidas si se encuentran insectos en la toma de aire exterior.

- Si las tomas de aire exterior están cerca del nivel del suelo, asegure que todas las plantas del área verde están de menos a 5 pies de la toma de aire. Requiera que los céspedes se corten de manera que el césped cortado se lance lejos de la edificación y de las tomas de aire.

Reguladores de Ventilación de Aire Exterior

- Determine la secuencia de control del regulador de ventilación de aire exterior, luego cambie los parámetros para forzar los reguladores de ventilación para abrir y cerrar. No dependa en solo observar las conexiones; mire el movimiento de los reguladores de aire exterior. Realice las reparaciones necesarias para asegurar que los reguladores de ventilación abren y cierran de acuerdo con la secuencia de control.
- Mida el volumen de aire exterior de forma regularmente programada y siempre que resulten problemas de calidad del aire interior. O compre equipamiento como balómetros, anemómetros, manómetros y tubos de Pitot para tomar estas mediciones, o contrate a un contratista calificado.

Serpentines de Enfriamiento, Bandejas de Drenaje, y Líneas de Condesados

- Inspeccione serpentines, bandejas y líneas de condensados regularmente para limpieza y para asegurar que el drenaje está operando correctamente. Limpie o repare drenajes que no funcionen como sea necesario.
- Asegure que todas las trampas contienen agua. Durante las épocas del año cuando el sistema de HVAC no es usado, o cuando la formación de condensados es baja, la trampa se puede secar, permitiendo que los gases de la cloaca u otros gases en el sistema de drenaje entren en la unidad de HVAC y se distribuyan por toda la edificación. Llene las trampas vacías con agua.
- Inspeccione cuidadosamente los ductos aguas abajo del serpentín de enfriamiento por si hay crecimiento de moho o señales de que la condensación se haya desprendido y volado del serpentín. Si se encuentra moho creciendo en superficies duras de los ductos (p. ej., hojas de metal) o en aislamiento de celda cerrada, haga evaluar los ductos por un especialista en remoción de moho, o un limpiador de ductos calificado. Si se encuentra moho creciendo en aislamiento interno poroso de ductos, quite y remplace el aislamiento porque no puede ser limpiado efectivamente.

Equipamiento de Enfriamiento por Evaporación (Común en Climas Secos)

- Inspeccione la almohadilla de evaporación regularmente, asegurando limpieza, y mojado uniforme por la cara completa de la almohadilla. Remplace las almohadillas taponados para asegurar que el aire de suministro no está constreñido y forzado a un flujo de alta velocidad, lo que podría hacer que el agua se desprenda de la almohadilla y pase en la corriente de aire y al ducto aguas abajo. Similarmente, asegure que el flujo del agua es uniforme por la cara completa de la almohadilla (para un enfriamiento efectivo) y no excesivamente alto en solo un punto, lo que podría también resultar en gotas de agua desprendiéndose de la almohadilla y entrando la corriente de aire.
- Asegure que el drenaje de sobreflujo está operando correctamente. Limpie o repare las líneas de drenaje como sea necesario para asegurar que el agua no se colecta en el sumidero y se derrame sobre el borde de la bandeja. (Los derrames pueden filtrarse al ducto o dentro de la misma edificación.)
- Asegure que la almohadilla evaporativa no está en contacto con el agua estancada en el sumidero cuando la unidad no está en operación. El ajuste de sobreflujo del sumidero debe ser lo suficientemente bajo para evitar que el agua se absorba de nuevo en la almohadilla y provoque crecimiento de microbios.
- Revise los controles para asegurar que el enfriador por evaporación no opere cuando está lloviendo afuera. De otra manera, la unidad podría sobrecargar el aire entrante con humedad en el momento cuando muy poco enfriamiento por evaporación es necesario que se logre. Cargar el aire interior innecesariamente con humedad extra puede provocar a una acumulación de humedad en exceso, aun en climas secos.
- Inspeccione atentamente los ductos aguas abajo del enfriador por evaporación por si hay crecimiento de moho o señales de humedad que haya sido desprendida y volado la almohadilla evaporativa. Si se encuentra moho creciendo en superficies duras de los ductos (p. ej., hojas de metal) o en aislamiento de celda cerrada, haga evaluar los ductos por un especialista en remoción de moho, o un limpiador de ductos calificado. Si se encuentra

moho creciendo en aislamiento interno poroso de ductos, quite y remplace el aislamiento porque no puede ser limpiado efectivamente. Antes que el equipo sea puesto de nuevo en operación, encuentre y corrija el problema que ocasionó que las gotas de agua fueran transportadas y que provocaron el crecimiento de moho.

Filtros de Aire

- No dependa solamente en equipamiento que indica la bajada de presión para determinar la necesidad de remplazar los filtros. Filtros taponados pueden ser succionados de sus marcos, permitiendo que el aire sobrepase el filtro, resultando en que la presión no baje perceptiblemente. Inspeccione visualmente y remplace los filtros de aire con una frecuencia regular. Apague los ventiladores de la unidad cuando cambie los filtros para prevenir la contaminación del aire. Note que algunos filtros pueden necesitar cambiarse más frecuentemente que otros porque las diferentes áreas de una instalación puede tener diferentes cargas de partículas volátiles.
- Registre la fecha de cambio del filtro en el manual de mantenimiento y escriba la fecha del cambio en el filtro, si es posible.

Ductos y Difusores de Aire de Suminsitro

- Inspeccione la limpieza y las juntas de los ductos regularmente, típicamente una vez al año o cuando se han hecho modificaciones a los ductos o las áreas que dan servicio.
- Información acerca de los beneficios potenciales y posibles problemas de limpieza de aire de ductos es limitada. La North American Air Duct Cleaners Association (NADCA) recomienda la limpieza de ductos si hay una significativa acumulación de partículas, si el ducto está contaminado con esporas de moho y se rastrea crecimiento de moho, o si hay obviamente crecimiento de moho. Si el moho está creciendo en ductos forrados con aislamiento poroso, la guía de la NADCA recomienda quitar el aislamiento. Al limpiar los ductos, siga la guía de NADCA 2006 *Assessment, Cleaning and Restoration of HVAC Systems [Evaluación, Limpieza y Restauración de Sistemas de HVAC].*
- Inspeccione ductos por si hay daños físicos. Vea si hay ductos aplastados o desconectados. Reconéctelos, repárelos o remplácelos como sea necesario.
- Inspeccione todas las juntas y uniones de los ductos que estén accesibles para encontrar fugas y selle todas las fugas con materiales apropiados. Selle las fugas de ductos con mástique, cinta metálica adhesiva o sellador de aerosol. La cinta plateada de embalar no debe usarse porque se seca rápidamente y se despega porque no resiste temperaturas altas. Todos los materiales selladores deben cumplir con el estándar 181A de Underwriter's Laboratory.
- Inspeccione los difusores de aire de suministro y el cielorraso alrededor de los difusores por si hay suciedad y polvo que pueda indicar que los ductos están sucios o que haga falta alguno, o filtros indeficientes o que están siendo sobrepasados. Note que la suciedad y el polvo recurrentes en difusores de aire de suministro o cielorrasos no necesariamente indican que el sistema de HVAC es la fuente de la suciedad. Los vórtices que se crean al salir el aire del difusor pueden depositar polvo del aire ambiental en las superficies.
- Envíe muestras de suciedad y polvo a un laboratorio medioambiental para una examinación microscópica que determine si las partículas se ven como hollín, pelusas, moho, arena o algo mas.
- Vea si hay crecimiento de moho en difusores suministrando aire enfriado al espacio. La condensación causada por enfriamiento del difusor por debajo del punto de condensación puede provocar el crecimiento de moho. Limpie como sea necesario y determine qué acciones son necesarias para prevenir la condensación.

Plenos de Aire de Retorno

- Los plenos de aire de retorno son espacios que no tienen ductos y típicamente se encuentran por encima de cielorrasos de barras T—cielorrasos suspendidos—y debajo del techo o de la plataforma del piso superior. Polvo, moho y otros contaminantes dentro del espacio pueden desplazarse hacia la unidad de HVAC y ser distribuidos a las áreas ocupadas de la edificación.
- Periódicamente inspeccione las edificaciones que tienen plenos de aire de retorno para ver si hay baldosas de cielorraso manchadas de agua, que pueden indicar crecimiento de moho. Si se encuentra o si se sospecha crecimiento de moho, consulte a un profesional calificado para determinar la extensión del problema y los requerimientos para solucionarlo.

Guia 2: Monitoree la temperatura y la humedad del aire interior durante el comisionamiento o recomisionamiento del sistema de HVAC para asegurarse que el control de humedad esta funcionando efectivamente.

- Las aberturas en el pleno de retorno pueden permitir la admisión de aire exterior en el sistema. Si esta húmedo y hace calor afuera esto puede causar condensación en superficies heladas, en cavidades internas de la edificación, o en muros o cielorrasos. El monitoreo de la temperatura y la humedad relativa en la edificación, aire de suministro, aire de retorno y aire exterior durante el comisionamiento o recomisionamiento del HVAC, permite encontrar las fuentes de humedad. La humedad absoluta o el índice de humedad puede calcularse con estos datos y puede hacerse un balance de masa para determinar si hay una fuente de humedad en el lado de retorno del sistema.
- El desempeño de deshumidificación del comisionamiento de la edificación o recomisionamiento debe ser probado cuando la edificación esta ocupada.

Verificación del Mantenimiento de Operación del Sistema de HVAC

Programe inspecciones y trabajos de mantenimiento de rutina de acuerdo con los requerimientos de la garantía del equipamiento. El Apéndice E contiene un ejemplo de lista de verificación para inspecciones del sistema de HVAC. Los registros de la inspección deben guardarse para monitorear los resultados y cualquier subsecuente reparación que se necesite.

REFERENCIAS

ASHRAE (American Society of Heating, Refrigerating and Air-Conditioning Engineers). 2016. *Standard 62.1-2016, Ventilation for Acceptable Indoor Air Quality.* Atlanta, GA: ANSI/ASHRAE/IES.
(El estándar de ventilación de ASHRAE provee la información necesaria para determinar los índices de ventilación para ocupaciones diferentes además de una cantidad de requerimientos de diseño de operación y mantenimiento para asegurar el desempeño adecuado del equipo de ventilación. La Sección 6.2.8 trata específicamente la ventilación de extracción. El Estándar 62.1 aplica a muchas situaciones.)

ASTM (American Society for Testing and Materials). 1996. *ASTM E1827-96, Standard Test Methods for Determining Airtightness of Buildings Using an Orifice Blower Door.* West Conshohocken, PA: ASTM International.

ASTM (American Society for Testing and Materials) E06.41 Technical Subcommittee. 2010. *ASTM E779-10, Standard Test Method for Determining Air Leakage Rate by Fan Pressurization.* West Conshohocken, PA: ASTM International.

ICC (International Code Council). 2012. *International Plumbing Code 2012.* ICC.
(El Capítulo 11 provee los requerimientos del código para drenaje de agua de tormentas, incluyendo requerimientos para el drenaje de techos. Las Secciones 312.2 a 312.5 especifican una prueba por gravedad de drenajes y ventilación de los sistemas sanitarios.)

Mold Litigation Task Force of the Associated General Contractors of America, Inc. 2003. "Managing the Risk of Mold in the Construction of Buildings." *CONSTRUCTOR.* May 2003.

NADCA (National Air Duct Cleaners Association). 2006. *Assessment, Cleaning and Restoration of HVAC Systems.* Washington, D.C.: NADCA. Consultado el 6 de Noviembre de 2013. nadca.com/sites/default/files/userfiles/documents/acr_2006.pdf.

USEPA (United States Environmental Protection Agency). 2005. *Authorization Status for EPA's Stormwater Construction and Industrial Programs: States, Indian Country and Territories Where EPA's Construction General Permit (CGP) and Multi-Sector General Permit (MSGP) Apply.* Washington, DC: USEPA. Consultado el 6 de Noviembre de 2013.
(Este sitio internet describe la autoridad competente—U.S. EPA, estatal, o gobierno local—para el cumplimiento con los requerimientos del National Pollutant Discharge Elimination System [NPDES] para la construcción en un estado especifico.)

USEPA (United States Environmental Protection Agency). 2006. *Construction Site Stormwater Runoff Control.* Washington, D.C.: USEPA.
(Este sitio internet describe las mejores practicas administrativas [BMPs] para el control de escorrentias de agua de tormentas en los sitios de construccion.)

USEPA (United States Environmental Protection Agency). 2006. *Stormwater Discharges from Construction Activities: Overview.* Washington, D.C.: USEPA. Consultado el 6 de Noviembre de 2013. www.epa.gov/npdes/stormwater-discharges-construction-activities#overview.
(Este sitio internet describe los requerimientos federales para el cumplimiento de los requerimientos del National Pollutant Discharge Elimination System [NPDES] para construcción.)

Apéndice A[23] – La "Prueba del Bolígrafo"

PROPÓSITO

Al trazar la continuidad de todos los materiales por cada función de control, la "prueba del bolígrafo" verifica lo completo de:

- La protección contra agua de lluvia.
- La capa de aislamiento.
- La barrera de aire.

Para verificar la continuidad, se crean secciones en los cuales cada uno de estos elementos de control de la humedad es trazado con un color diferente para mostrar que el diseño los representa específicamente. Los contratistas pueden de esta forma verificar fácilmente las secciones frente a su experiencia con materiales, especialidades y secuencias. Las secciones también proveerán a los trabajadores de mantenimiento en edificaciones y suelos la información útil para trabajos de mantenimiento ordinario o en el caso de un problema durante el uso del edificio.

PROCESO

Continuidad de la Protección contra el Agua de lluvia

Para demostrar la protección completa contra el agua de lluvia usando el dibujo seccional, colocar un bolígrafo en un material que forma una barrera capilar entre los materiales de control de lluvia que se mojan y la parte interior del cerramiento que debe mantenerse seco. Sin levantar el bolígrafo del papel, trazar desde el centro del techo alrededor de los muros, ventanas, y puertas y alrededor de los cimientos al centro del piso de la cimentación.

La Figura A-1 sirve como documentación de la continuidad de la protección contra el agua de lluvia. Lo siguiente describe la trazabilidad de la barrera capilar en un ejemplo de sección. Comenzando en el centro del techo:

- La membrana del techo es la primera línea de defensa, protegiendo los materiales interiores sensibles al agua, de lluvia y deshielos.
- Trazando la membrana del techo desde el centro del techo hasta el bordo del techo, la membrana del techo sube sobre el parapeto donde se nivela por debajo de la cumbrera de metal, que a su vez forma una fascia de metal.
- La fascia forma un borde de goteo, canalizando el agua alejado del revestimiento.
- Una espacio de aire entre el borde de goteo y el tabique de recubrimiento forma una barrera capilar, protegiendo del agua de lluvia los materiales por debajo de la cumbrera.
- Detrás del tabique de recubrimiento, el espacio de aire y el tablero de espuma de plástico, una barrera impermeable autoadhesiva (WRB) aplicada al entablado de yeso forma una barrera capilar entre el tabique excesivamente húmedo y el ensamblaje del muro interno.
- La WRB se traslapa sobre la parte vertical de un tapajuntas superior, protegiendo la ventana del agua de lluvia con un borde de goteo y una barrera de aire. Hoyos de goteo permiten al agua a salir de atrás del tabique de revestimiento.
- El marco de la ventana, la hoja y el vidriado forman una barrera capilar que se apoya en un tapajuntas de bandeja para alfeizar en la parte inferior de la ventana.
- El tapajuntas de bandeja para alfeizar forma una barrera capilar que protege al muro de abajo, de la filtración a través del sistema de ventanas.
- El tapajuntas de bandeja para alfeizar se traslapa sobre la WRB en el muro de abajo, lo que se traslapa sobre un tapajuntas que protege el fondo del conjunto de muros.
- La barrera impermeable se traslapa sobre un tapajuntas que protege el sistema de muros donde el sello de espuma de plástico forma una barrera capilar entre el cimiento y la parte inferior del muro enmarcado, conectado con:

[23] Figuras A-1, A-2 y A-3 fueron actualizadas en Abril de 2014.

Figura A-1 La Línea Azul Traza los Elementos de la Barrera Capilar en el Sistema de Control de Agua de Lluvia para una Sección a Través de la Edificación

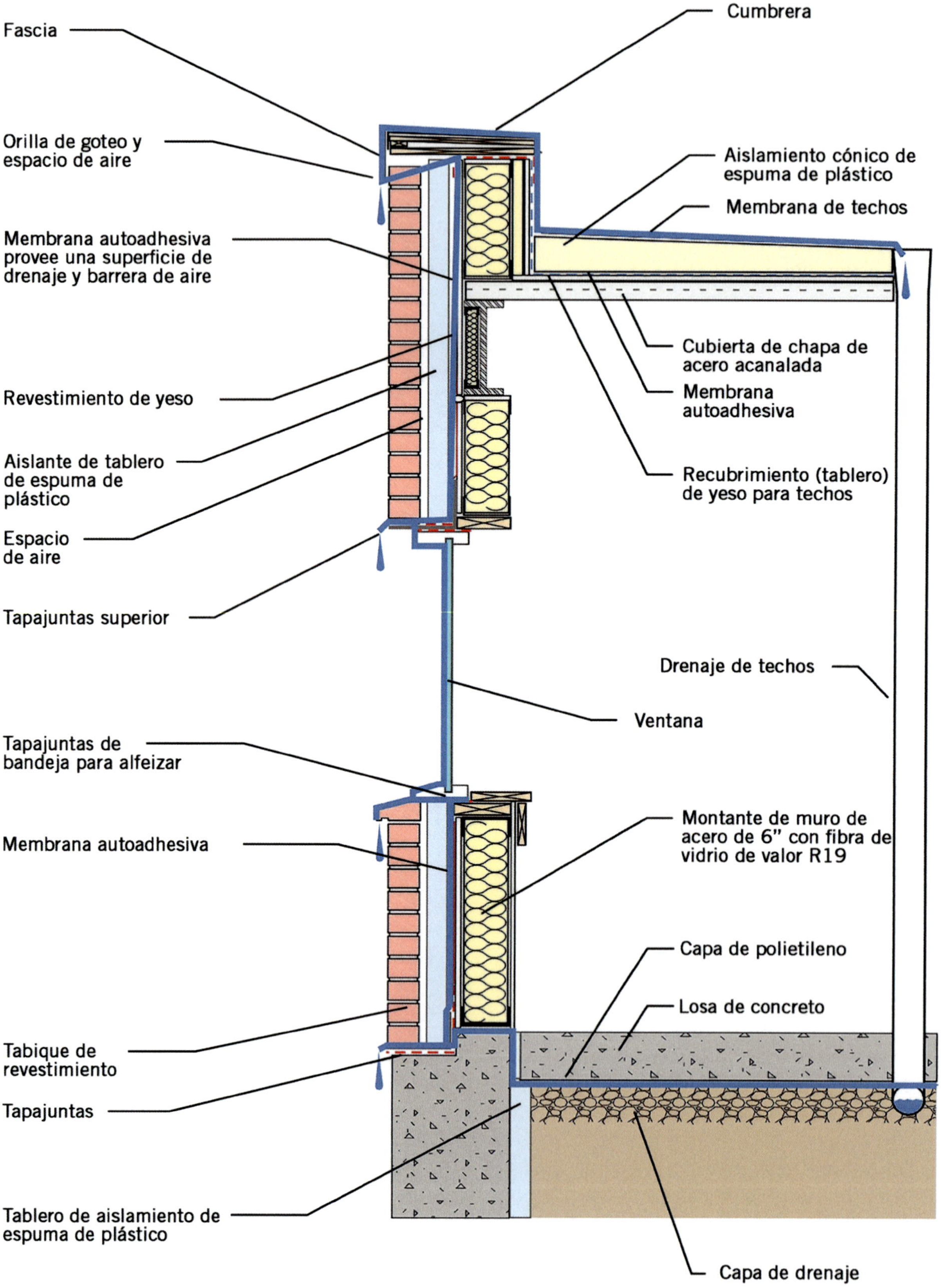

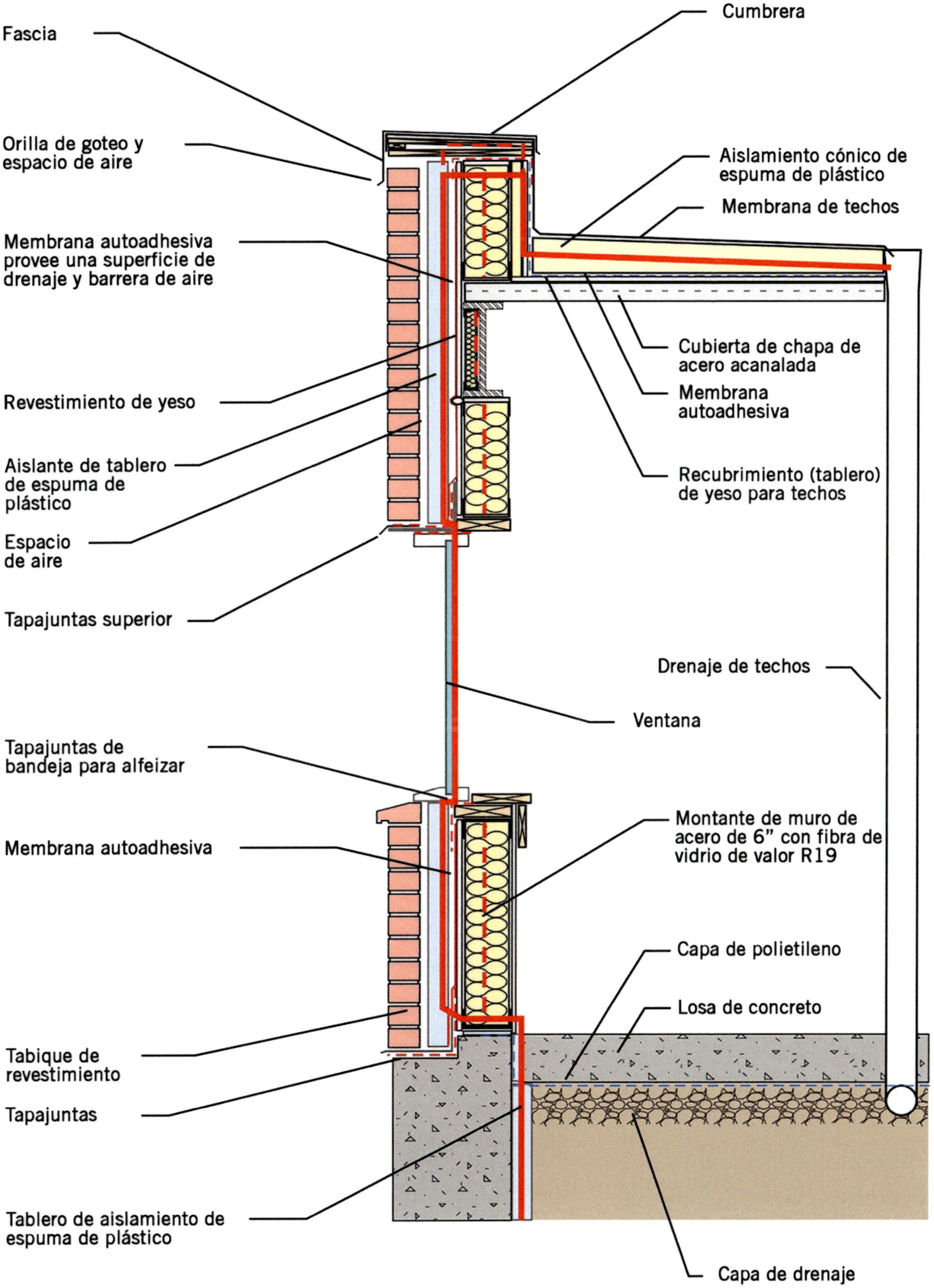

Fascia
Cumbrera
Orilla de goteo y espacio de aire
Aislamiento cónico de espuma de plástico
Membrana de techos
Membrana autoadhesiva provee una superficie de drenaje y barrera de aire
Cubierta de chapa de acero acanalada
Membrana autoadhesiva
Revestimiento de yeso
Aislante de tablero de espuma de plástico
Recubrimiento (tablero) de yeso para techos
Espacio de aire
Tapajuntas superior
Drenaje de techos
Ventana
Tapajuntas de bandeja para alfeizar
Montante de muro de acero de 6" con fibra de vidrio de valor R19
Membrana autoadhesiva
Capa de polietileno
Losa de concreto
Tabique de revestimiento
Tapajuntas
Tablero de aislamiento de espuma de plástico
Capa de drenaje

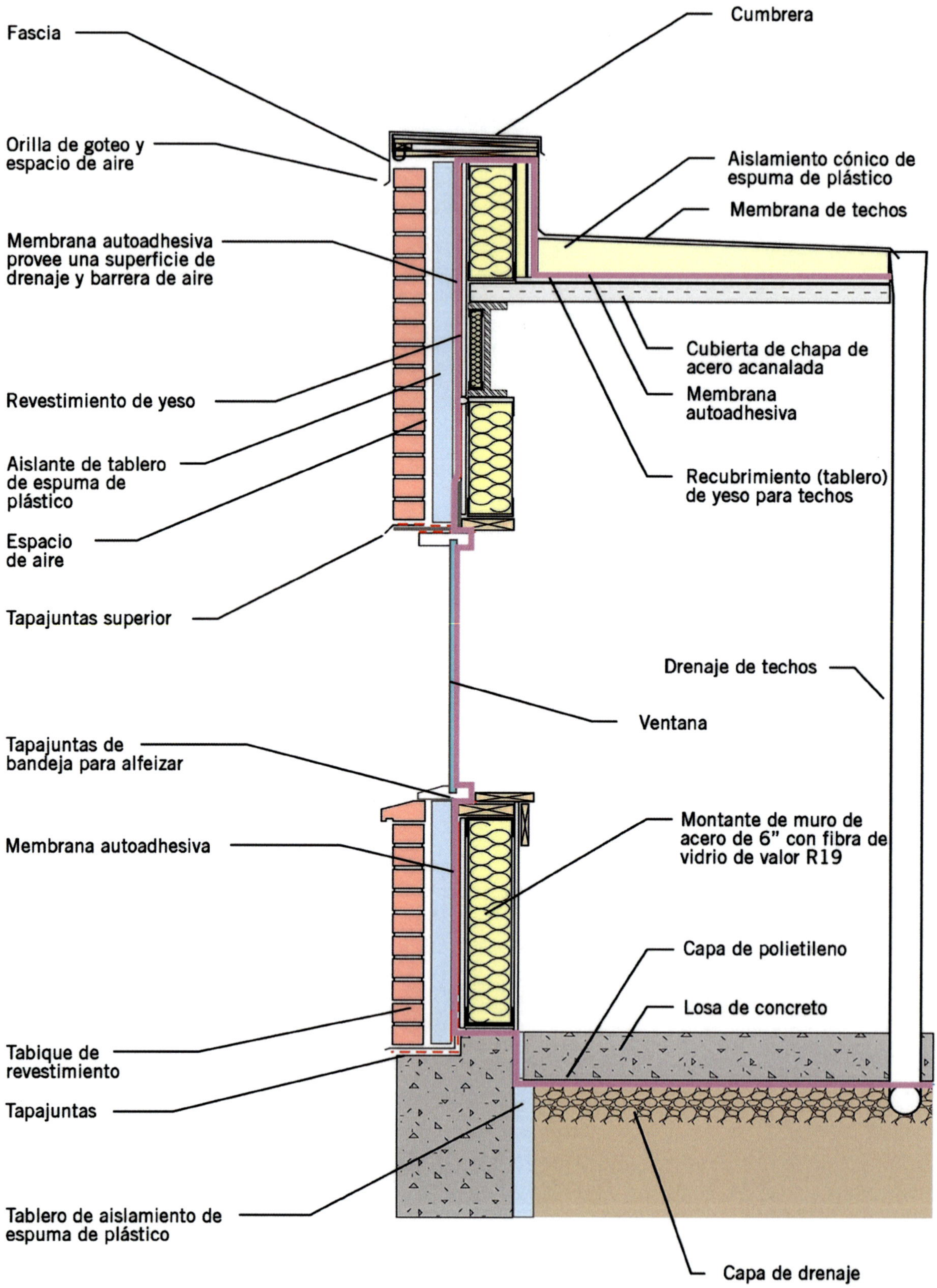

Fascia
Cumbrera
Orilla de goteo y espacio de aire
Aislamiento cónico de espuma de plástico
Membrana de techos
Membrana autoadhesiva provee una superficie de drenaje y barrera de aire
Cubierta de chapa de acero acanalada
Membrana autoadhesiva
Revestimiento de yeso
Aislante de tablero de espuma de plástico
Recubrimiento (tablero) de yeso para techos
Espacio de aire
Tapajuntas superior
Drenaje de techos
Ventana
Tapajuntas de bandeja para alfeizar
Membrana autoadhesiva
Montante de muro de acero de 6" con fibra de vidrio de valor R19
Capa de polietileno
Losa de concreto
Tabique de revestimiento
Tapajuntas
Tablero de aislamiento de espuma de plástico
Capa de drenaje

- Una pulgada de espuma de estireno extruido aislante que forma una barrera capilar entre la parte de arriba del cimiento y el bordo de la losa del piso.
- Capa de polietileno inmediatamente abajo de la plancha forma una barrera capilar entre el fondo de la losa y el relleno de abajo. NOTA: Si la cama de relleno debajo de la losa son piedras de un tamaño mayor a ¼ de pulgada y no contiene materiales finos, entonces forma una barrera capilar entre el suelo y la losa.

Aplicar el mismo procedimiento a la capa aislamiento (Figura A-2) y la barrera de aire (Figura A-3).

Continuidad de la Capa de aislamiento

Para demostrar una capa continua de materiales de aislamiento alrededor de una sección, se coloca la punta del bolígrafo sobre la capa de aislamiento en el centro del techo y se traza desde un material aislante al siguiente alrededor hasta la parte inferior del muro de cimientos o hasta el centro del piso de cimientos.

La Figura A-2 muestra la continuidad del aislamiento térmico en una sección ejemplar

- Comenzando en el centro del techo se traza a través de la espuma de plástico aislante hasta el borde del techo.
- Incrementar con una capa de tablero de espuma de aislamiento sobre los bloques de madera en la parte superior del parapeto.
- Los bloques de madera se conectan a la parte de arriba del aislamiento de espuma de plástico exterior y el canal superior de la armadura de acero ligero de muros.
- La armadura de acero del muro esta relleno con aislamiento para cavidades, y el puente térmico a través del elemento de acero está aislado por el aislamiento de espuma de plástico exterior.
- En la parte de arriba de la ventana el dintel de acero es un puente térmico a través del sistema de aislamiento, la abertura sin terminar alrededor de la ventana se sella usando fondo de junta y sellador.
- El sistema de jamba, hoja y vidriado de la ventana provee continuidad de aislamiento al tapajuntas de bandeja para alfeizar en la parte inferior de la ventana.
- El recubrimiento exterior aislante de espuma de plástico y la cavidad aislante llevan (conectan) la capa aislante a los cimientos.
- El sello de espuma de plástico del alfeizar provee aislamiento térmico entre la parte inferior del muro y la cimentación de concreto, que lleva la protección por debajo del nivel del suelo a la parte inferior del muro de cimentación.
- La espuma de plástico del aislamiento vertical que se aplica al interior del muro de cimentación completa la capa de aislamiento.

Continuidad de la Barrera de Aire

La continuidad de la barrera de aire se demuestra usando el mismo método usado para el control del agua de lluvia y la capa de aislamiento. Para este ejemplo los materiales de la barrera de aire y los selladores usados para conectarlos son identificados desde el centro del techo al centro del piso de cimentación. Las membranas autoadhesivos se usan como ejemplos en esta sección, pero nótese que las barreras de aire de los muros pueden ser formadas usando materiales alternativos para barreras de aire (v.g., membranas liquidas, hojas flexibles, tableros aislantes rígidos de espuma de plástico, y espuma aspereada de poliuretano).

- Desde el centro del techo se traza el aire por un lado de la membrana autoadhesiva en el revestimiento de techo de yeso hasta el borde del techo.
- La membrana autoadhesiva continua por encima del tablero de revestimiento de yeso en el muro del parapeto donde se conecta a una membrana de transición que se extiende por la parte superior del muro del parapeto.
- Desde la membrana de transición se traza hacia abajo la membrana autoadhesiva en el revestimiento del muro hasta una intersección con el tapajuntas superior de la ventana en el lintel de acero.
- Una membrana de transición envuelve desde la parte inferior del lintel de acero hasta la abertura sin terminado donde se conecta a la ventana con sellador y fondo de junta.
- El sistema de ventana forma la barrera de aire al tapajuntas de bandeja de alfeizar donde el sellador hace la conexión.
- El tapajuntas de bandeja de alfeizar lleva la barrera de aire a la membrana autoadhesiva en el muro más bajo.
- Una membrana de transición conecta al cimiento de concreto.
- La capa de polietileno o la misma losa de concreto extiende la barrera de aire hasta el centro del piso.

Apéndice B – Lista de Verificación de Inspección del Techo

Partes de esta lista de inspección han sido adaptados y se usan con permiso de la División de Servicios Públicos y Servicios de Manejo Recursos del Gobierno de los Territorios del Noreste.

Antes de realizar una inspección del teccho:

- Revise los reportes de inspecciones pasadas, los documentos de construcción y reportes de mantenimiento y reparaciones.
- Revise los reportes de inspecciones pasadas, los documentos de construcción y reportes de mantenimiento y reparaciones.
- Use escaleras para inspeccionar techos inclinados. Asegúrese que todas las escaleras cumplen, se mantienen y se usan de acuerdo a los requerimientos de la Occupational Safety and Health Administration [Oficina Administrativa de Seguridad y Salud en el Trabajo] (OSHA) en el Título 29 del Código Federal de Regulaciones (29 CFR).

Edificacion: ______________________________

Domicilio: ______________________________

Área de Techo o Número de Identificación: ______________________________

Inspeccionado por: ______________________________ **Fecha:** ______________

Artículo	**ID – Número de identificación a ser usado para identificar problemas en el dibujo del techo** **G – Bien, no acción necesaria** **F – Aceptable, monitorear las condiciones periódicamente, planear las reparaciones necesarias** **P – Deficiente, acción inmediata necesaria** **N/A – No aplicable**						
Interior	**Muros Interiores**	**ID**	**G**	**F**	**P**	**N/A**	**OBSERVACIONES**
	Manchas de agua	1					
	Daño por agua	2					
	Otros problemas en los muros	3					
	Cielorrasos	**ID**	**G**	**F**	**P**	**N/A**	**OBSERVACIONES**
	Manchas de agua	4					
	Daños por agua	5					
	Otros problemas en el cielorraso	6					
	Azotea	**ID**	**G**	**F**	**P**	**N/A**	**OBSERVACIONES**
	Daños por agua	7					
	Enmohecimiento	8					
	Pandeo/deflexión	9					
	Deterioro de la azotea	10					
	Otros problemas en la azotea	11					
Exterior	**Bajantes Pluviales/Tubos de Desagüe**	**ID**	**G**	**F**	**P**	**N/A**	**OBSERVACIONES**
	Piezas faltantes	12					
	Piezas sueltas	13					
	Evidencia de bloqueo	14					
	Juntas dañadas	15					
	Juntas partidas	16					
	Estancamiento en la superficie	17					
	Otros problemas en los canalones	18					

		ID	G	F	P	N/A	OBSERVACIONES
	Muros Exteriores	**ID**	**G**	**F**	**P**	**N/A**	**OBSERVACIONES**
	Manchas de agua	19					
	Daño por agua	20					
	Otros problemas en los muros	21					
Techo	**Condiciones Generales**	**ID**	**G**	**F**	**P**	**N/A**	**OBSERVACIONES**
	Apariencia general	22					
	Problemas de tráfico	23					
	Acceso no autorizado	24					
	Estancamiento	25					
	Escombros	26					
	Daños físicos	27					
	Deflexión	28					
	Aislamiento comprimido	29					
	Otros problemas en el techo	30					
Sistema de Drenaje	**Canaletas**	**ID**	**G**	**F**	**P**	**N/A**	**OBSERVACIONES**
	Piezas faltantes	31					
	Piezas sueltas	32					
	Piezas dañadas	33					
	Juntas partidas	34					
	Corrosión	35					
	Abrazaderas sueltas	36					
	Desechos en alcantarillas	37					
	Inclinación hacia el bajante pluvial	38					
	Otros problemas en las canaletas	39					
	Drenajes Internos del Techo	**ID**	**G**	**F**	**P**	**N/A**	**OBSERVACIONES**
	Rejillas de desagüe faltantes	40					
	Drenaje bloqueado	41					
	Otros problemas del drenaje	42					
	Sumideros	**ID**	**G**	**F**	**P**	**N/A**	**OBSERVACIONES**
	Bloqueo	43					
	Otros problemas del sumidero	44					
Elementos del Techo	**Bordes del Perímetro/Fascia/Canto de Granulería**	**ID**	**G**	**F**	**P**	**N/A**	**OBSERVACIONES**
	Piezas faltantes	45					
	Piezas sueltas	46					
	Piezas dañadas	47					
	Juntas partidas	48					
	Corrosión	49					
	Abrazaderas sueltas	50					
	Otros	51					
	Tapajuntas	**ID**	**G**	**F**	**P**	**N/A**	**OBSERVACIONES**
	Piezas faltantes	52					
	Piezas sueltas	53					
	Piezas dañadas	54					
	Juntas partidas	55					
	Corrosión	56					
	Abrazaderas sueltas	57					
	Otros problemas en tapajuntas	58					

Elementos del Techo (Continuacion)	**Equipos Montados en el Techo (HVAC, Anuncios, Tragaluces, etc.)**	**ID**	**G**	**F**	**P**	**N/A**	**REMARKS**
	Tapajuntas	59					
	Paneles de acceso sueltos/faltantes	60					
	Condensados entubados para drenar	61					
	Contaminación alrededor de los ventiladores de extracción	62					
	Otros problemas con los equipos	63					
Cubierta del Techo	**Membrana de Techo**	**ID**	**G**	**F**	**P**	**N/A**	**REMARKS**
	Áreas sin grava o balastros desplazados	64					
	Cortes/orificios	65					
	Partiduras/Cuarteaduras	66					
	Ampollas/"bocas de pescado"	67					
	Capas/uniones sueltas	68					
	Rugosidades/arrugas	69					
	Sujetadores salidos	70					
	Encogimiento de la membrana	71					
	Otros	72					
	Techos Traslapados	**ID**	**G**	**F**	**P**	**N/A**	**REMARKS**
	Tejas faltantes	73					
	Tejas sueltas	74					
	Tejas salidas	75					
	Tejas enrolladas	75					
	Lengüetas faltantes	77					
	Perdida de gránulos	78					
	Otros problemas con tejas	79					
	Techos de Metal	**ID**	**G**	**F**	**P**	**N/A**	**REMARKS**
	Uniones/juntas sueltas o dañadas	80					
	Paneles sueltos	81					
	Paneles desgastados	82					
	Paneles dañados	83					
	Abrazaderas sueltas	84					
	Condición del acabado	85					
	Otros problemas de los techos de metal	86					

Use este papel cuadriculado para bosquejar el plan del techo. Incluya la flecha indicando el norte y la ubicación de los problemas encontrados durante la inspección. Use los números de identificación del techo en las listas de verificación para identificar problemas específicos.

Apéndice C – Pruebas de Humedad Durante la Construcción

El contenido de humedad de la madera, productos de madera y otros materiales porosos es un factor importante en el crecimiento de moho y otros problemas relacionados con la humedad. Un material poroso susceptible al crecimiento del moho como la madera, la madera prensada orientada (OSB), tablero de fibras de densidad mediana (MDF) o tableros de yeso con capa de papel no tratado, tendrá crecimiento de moho si su contenido de humedad es muy alto. Los materiales porosos excesivamente húmedos que son resistentes al crecimiento de moho, como los productos de concreto y la madera de construcción tratada, pueden provocar indirectamente el crecimiento del moho mojando los materiales vulnerables en contacto con ellos. Por ejemplo, los tableros de yeso con capa de papel no tratado unido a madera o concreto excesivamente húmedos puede ser el sitio para crecimiento de moho hasta que los materiales excesivamente húmedos se sequen.

La madera y productos de madera que contienen una gran cantidad de humedad no deberían usarse en la construcción hasta que su contenido de humedad es más bajo de un cierto porcentaje. Desafortunadamente, la investigación en este caso está más centrada a la investigación de laboratorio y a informes de casos forenses asilados. La guía *California Builder's Guide to Reducing Mold Risk [Guía del Constructor para la Reducción de Riesgos de Moho de California]* sugiere un tope de 19 por ciento de contenido de humedad para materiales de madera. Para evitar problemas de encogimiento o expansión, la madera idealmente debería ser instalada a niveles de contenido de humedad tan acercados como sea posible al contenido promedio de humedad que tendrá cuando este en servicio. El contenido de humedad para madera exterior en servicio depende en la humedad relativa exterior y su exposición a la lluvia y al sol. El contenido de humedad de madera interior en servicio depende de la humedad relativa interior, que a su vez es en función de fuentes de humedad, promedios de ventilación, y deshumidificado. El contenido de humedad de la madera interior y exterior en servicio depende del clima en el que está ubicada la edificación y en el diseño de la edificación y su propósito de uso. El Wood Handbook *[Manual de Madera]* del Departamento de Agricultura de los Estados Unidos recomienda un contenido promedio de humedad del 15 por ciento o menos, con lecturas máximas del 19 por ciento o menos, para evitar problemas de cambios dimensionales.

El contenido de humedad de los materiales es comúnmente expresado como el porcentaje del peso del agua en el material con relación al peso del material seco. En laboratorios, el contenido de humedad puede calcularse pesando el espécimen de prueba cuando está excesivamente húmedo, secando el espécimen por calor o con sales desecantes, y pesándolo de nuevo. Medidores electrónicos con escalas de lectura directa o monitores han sido desarrollados para materiales de madera. Su uso en madera de construcción está extensamente documentado. La norma ASTM D 4444-92, *Standard Test Methods for Use and Calibration of Hand-Held Moisture Meters* [*Métodos de Prueba Estandarizados para el Uso y Calibración de Medidores de Humedad Manuales*] (re-aprobada en 2003) describe varios tipos de medidores de humedad, su uso en materiales de madera, y los procedimientos de aseguramiento de la calidad y control de calidad (QA/QC).

Conocer el contenido de humedad de materiales de construcción porosos que no sean madera o productos de madera, como tableros de yeso y losas de concreto o bloques de concreto, es también importante. Algunos medidores electrónicos de humedad tienen escalas calibradas para materiales que no sean de madera, por ejemplo de concreto, ladrillo y yeso. Se ha convertido en práctica común en el campo de diagnóstico de la edificación, probar los materiales que no sean madera de construcción usando medidores electrónicos y reportar los resultados usando la escala para madera de construcción. De esta forma, los investigadores reportan el contenido de humedad de tableros de yeso, MDF y OSB como equivalentes a la humedad de la madera (WME). La guía *California Builder's Guide to Reducing Mold Risk [Guía del Constructor para la Reducción de Riesgos de Moho de California]* sugiere un tope del 16 por ciento WMA para tableros de yeso antes del acabado o instalación de gabinetes. Este límite se traduce aproximadamente a un 0.9 por ciento de contenido de humedad por peso para los tableros de yeso.

Tener la capacidad de medir el contenido de humedad en los materiales después de la construcción es de gran valor para diagnosticar problemas posteriores a la construcción, como fugas de agua, condensación y crecimiento de moho. Se recomienda que los constructores y los encargados de las instalaciones midan el contenido de los materiales durante el diagnóstico posterior a la construcción y resolución de problemas.

Una segunda dinámica de la humedad, la cantidad de emisiones de vapor de agua de materiales como pisos de concreto, puede tener un fuerte impacto en los materiales de recubrimiento de pisos. Por ejemplo, los fabricantes de recubrimientos de pisos especifican la cantidad máxima de emisión de vapor de agua del concreto por sobre el cual los recubrimientos como baldosas y alfombras pueden ser instalados. Instalar un recubrimiento sobre concreto que excede la cantidad máxima de emisión puede causar que el recubrimiento falle, promueva el crecimiento de moho y anule la garantía del fabricante. Se recomienda que la cantidad de emisión de vapor de un piso se medido antes de instalar los recubrimientos (aun cuando la instalación ocurra mucho después de construida la edificación); cuando las baldosas se levanten, las hojas de vinilo se ampollen o se encuentren otras señales de falla en los pisos; o cuando se encuentre inexplicablemente una alta humedad relativa interior en espacios de contacto con el suelo.

La norma *ASTM E1907-06a, Standard Guide to Methods of Evaluating Moisture Conditions of Concrete Floors to Receive Resilient Floor Coverings [Guía Estandarizada de Métodos para Evaluar las Condiciones de Humedad de Pisos de Concreto en que se Colocarán Recubrimientos de Piso Resistentes]* identifica ocho métodos para probar las losas de concreto. Los dos métodos más comúnmente usados son:

- *ASTM F1869, Standard Test Method for Measuring Moisture Vapor Emission Rate of Concrete Subfloor Using Anhydrous Calcium Chloride [Método de prueba para Medir la Cantidad de Emisión de Vapor del Sub-piso Usando Cloruro Anhídrido de Calcio].* Esta prueba se lleva cabo usando kits disponibles a la venta. Es una prueba cuantitativa que provee una medida del vapor, en libras de agua, en una área de 1,000 pies cuadrados, emitido en un periodo de 24 horas. La prueba consiste en pesar una lata de desecante de cloruro de calcio, colocando la lata en la losa que va a probarse, y cubrir la lata con un domo de plástico sellado que viene con el kit. La prueba generalmente se conduce de 60 a 72 horas. Después de ese tiempo, la lata se vuelve a pesar y se calcula la cantidad de emisión de vapor. Esta prueba es aceptada por la mayoría de fabricantes de revestimientos de pisos.
- *ASTM F2170, Standard Test Method for Determining Relative Humidity in Concrete Floor Slabs Using in situ Probes [Método de Prueba para Determinar la Humedad Relativa en Losas de Piso de Concreto Usando Sondeos en Sitio].* Este método mide la humedad relativa en el espacio superior de un hoyo perforado parcialmente en la losa de concreto. Está ganando popularidad en el campo y ha sido usado en Europa por muchos años.

Apéndice D – Mapeo de la Presión del Aire

El mapeo de la presión del aire se usa para determinar si el aire se está moviendo a través de la edificación de forma que contribuya a problemas de condensación. El flujo no planeado del aire causará problemas si:

- El aire se está moviendo del lado caliente de un muro exterior, el cielorraso, o el sótano hacia el lado frio.
- El aire frio está soplando desde el difusor de un aire acondicionado hacia un espacio donde la humedad es alta.

Para generar un mapa de presión de aire de una edificación usar:

- Los planos del piso mostrando la disposición de cada piso y la ubicación de las manejadoras de aire, difusores de aire, rejillas de retorno, y rejillas de extracción.
- Un micromanómetro y tubería de plástico flexible para medir las diferencias de presión entre el aire interior y el aire exterior, cuartos y corredores, aire de cuartos y aire de plenos, y aire de cuartos y cavidades de la edificación.
- Una botella de humo para determinar la dirección de flujo del aire.

Cómo se muestra en la Figura D-1, usar un micromanómetro para medir la diferencia de presión a través de una puerta cerrada. Nótese que el tubo corre de una salida del micromanómetro al lado mas alejado de la puerta, mientras que la otra salida (sin tubo) detecta la presión en el cuarto. El micromanómetro lee la diferencia en la presión. El signo negativo en la interfaz del micromanómetro indica que el cuarto está bajo presión negativa con relación al otro lado de la puerta.

La Figura D-2 muestra el mapa de presión de una edificación que consiste de un solo cuarto con un ventilador de extracción en operación de 100-cfm. El cuarto esta despresurizado en 4 Pascales por el ventilador de extracción. El ventilador de extracción está representado con un cuadro con una X y una flecha que muestra la dirección del flujo del aire hacia afuera de la edificación. La línea con una punta de flecha en un extremo y un círculo en el otro significa que el aire está siendo impulsado hacia adentro de la edificación desde afuera.

Este procedimiento puede ser aplicado a edificaciones y flujos de aire más complejos para documentar la diferencia de presión de aire entre cuartos, interiores y exteriores, áticos, sótanos, espacios angostos, rozas para instalaciones, y cavidades en muros y cielorrasos. La Figura D-3 muestra un mapa de presión de una edificación más compleja cuando la manejadora de aire está funcionando, los ventiladores de extracción en los baños están funcionando, no hay viento y todas las puertas interiores y exteriores están cerradas.

Figura D-1 Midiendo la Diferencia de Presión Usando un Micromanómetro

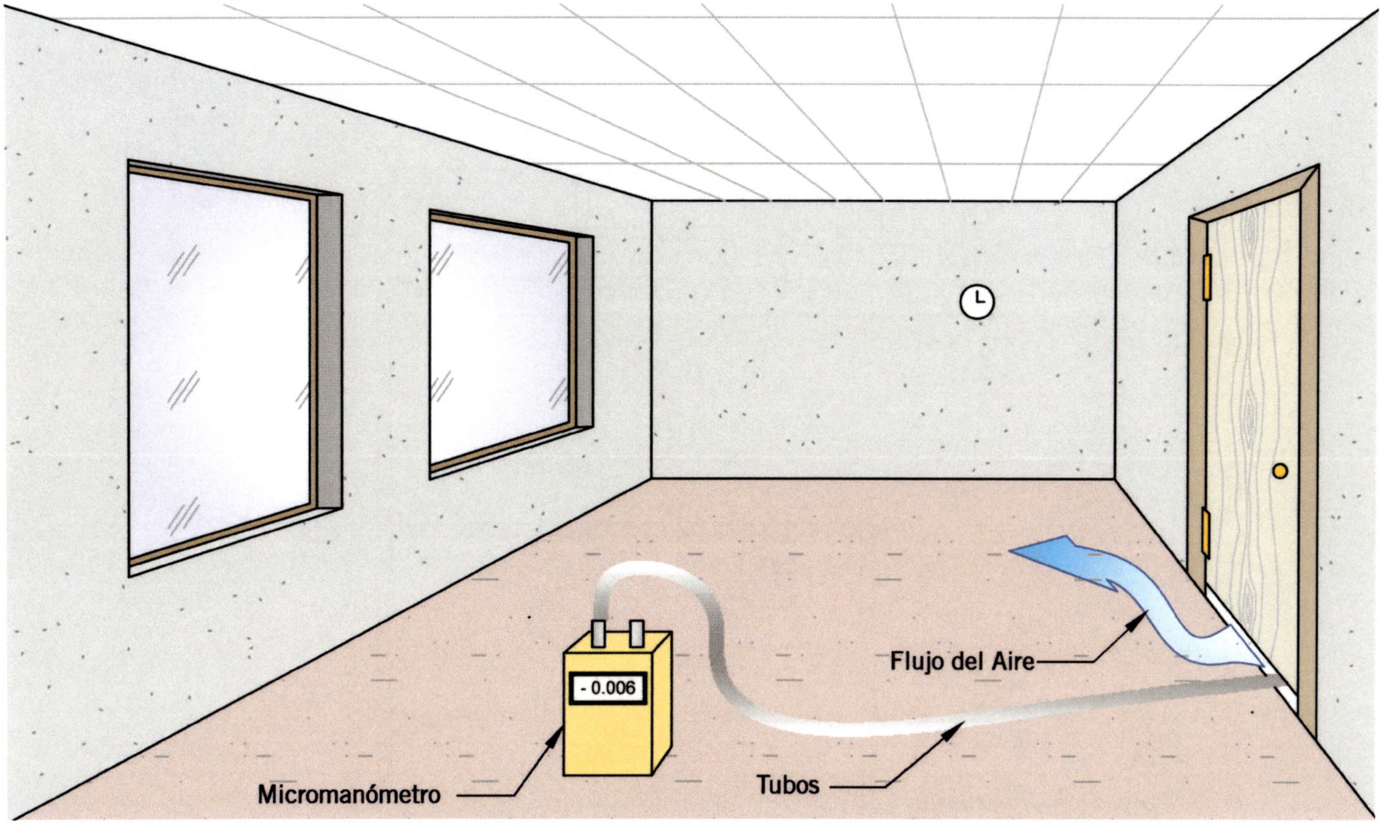

Figura D-2 Mapa de Presión de una Edificación que Consiste en un Solo Cuarto

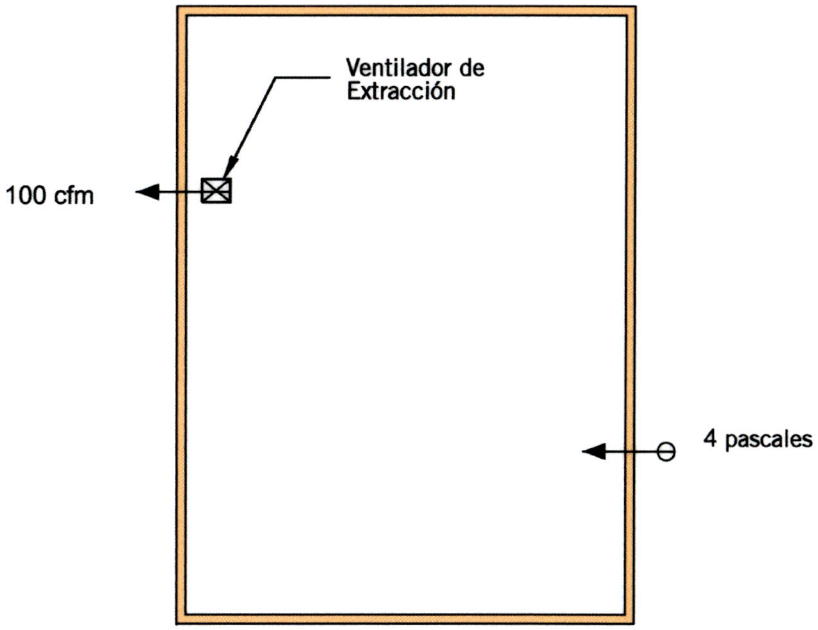

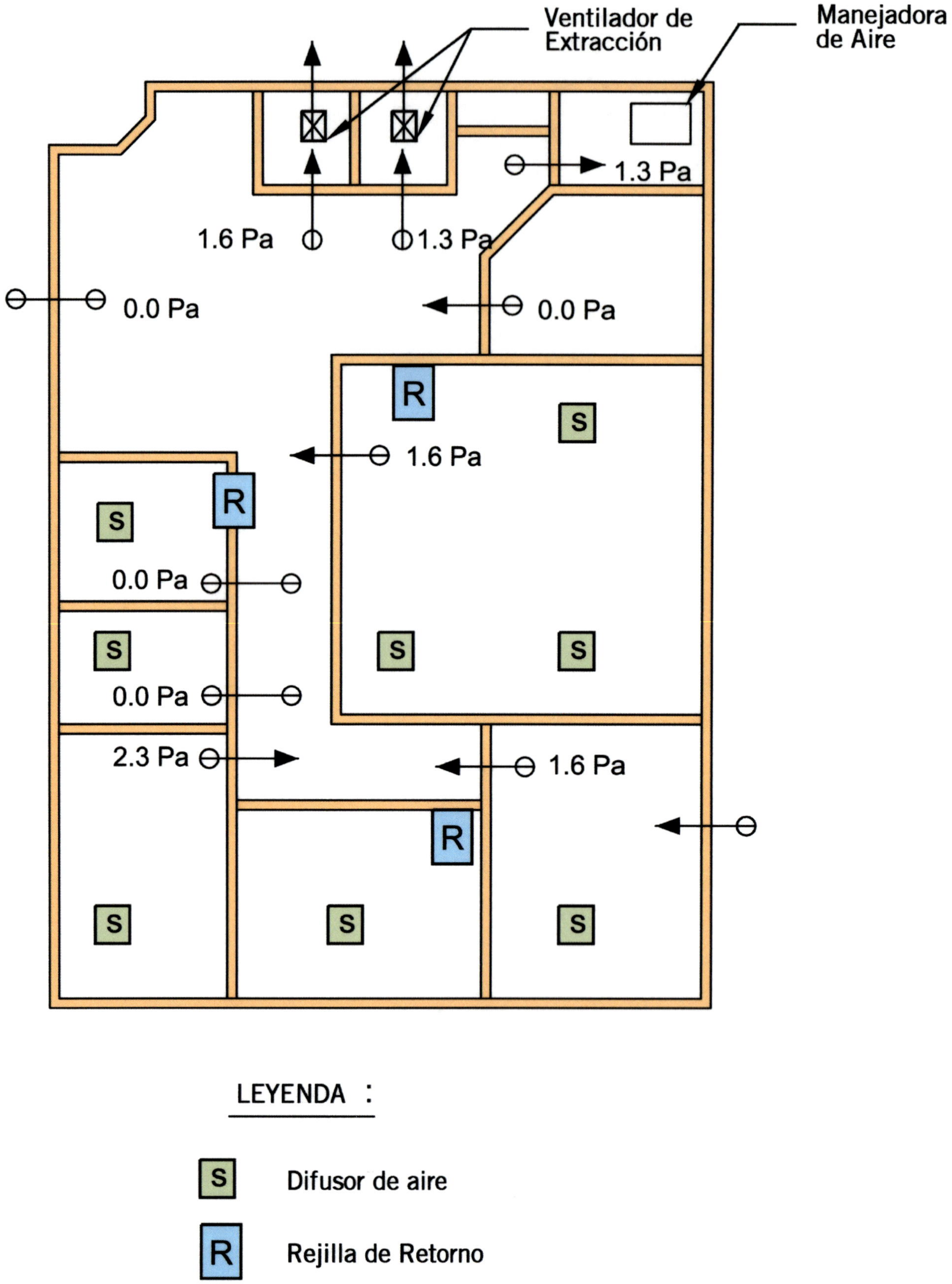
Ventilador de Extracción
Manejadora de Aire
1.3 Pa
1.6 Pa
1.3 Pa
0.0 Pa
0.0 Pa
R
S
1.6 Pa
R
S
0.0 Pa
S
S
S
0.0 Pa
2.3 Pa
1.6 Pa
R
S
S
S
LEYENDA :
S Difusor de aire
R Rejilla de Retorno

Apéndice E – Lista de Verificación de Inspección para HVAC

Edificación: ____________________ **Ubicación:** ____________________ **Fecha:** ____________

Equipos: ____________________ **Fabricante:** ____________________

Otra identificación: ____________ **Número de Archivo:** ____________ **Preparado por:** ____________

	Condiciones			Prioridad
Parámetros	**Aceptado**	**No aceptado**	**Notas**	**L, M, H**
Entrada de Aire Exterior				
Malla anti-aves				
Flujo del aire sin obstrucción				
No fuentes contaminantes cercanas				
Pleno Mezclador				
Limpio				
Serpentines y Bandejas de Condensados				
Limpio, no corrosión				
No puertas				
No crecimiento de microbios				
Bandejas drenando, trampas llenas				
Humidificadores				
Limpios				
No agua acumulada o sobreflujo				
No crecimiento de microbios o sedimentos minerales				
Controles				
Puntos de inicio				
Funcionando				
Ventiladores				
Limpios, no corrosión				
No exceso de ruido o vibración				
Bandas				
No exceso de ruido o vibración				
No fugas				
Presurización				
Filtros				
Condiciones generales				
Instalados apropiadamente (no puenteos)				
No olores/contaminación (polución) visible				

Apéndice F – Mantenimiento del Drenaje del Sitio

El mantenimiento regular de los sistemas de drenaje del sitio es necesario para asegurar que funcionan efectivamente. Fallas en el mantenimiento regular de sistemas de drenaje pueden conducir a un menor desempeño o fallas en el sistema. Para ayudar a proveer un mantenimiento apropiado, se debería desarrollar un plan de mantenimiento de drenaje del sitio que describa los requerimientos específicos de mantenimiento para ser usado por las personas responsables del mantenimiento del drenaje.

El plan de mantenimiento difiere de la lista de verificación provista en este apéndice. El plan abarca los requerimientos de mantenimiento del drenaje todo el sitio, mientras que las listas de verificación proveen los requerimientos para una parte específica del drenaje.

Requerimientos del Plan de Mantenimiento

Los siguientes requerimientos del plan de mantenimiento del drenaje del sito has sido adaptados del *New Jersey Storm Water BMP Manual [Manual de Mejores Prácticas de Manejo de Aguas de Tormentas de New Jersey]* (NJDEP04). Los planes deberían incluir:

- Nombre, domicilio y número de teléfono de la persona o personas responsables del mantenimiento preventivo y correctivo de los sistemas de drenaje del sitio.
- Requerimientos específicos de mantenimiento preventivo y correctivo. Estos requerimientos pueden ser en forma de listas de verificación.
- Una planilla de inspecciones regulares y tareas.
- Registros detallados de todas las tareas preventivas y correctivas, incluyendo todas las órdenes relacionadas con el mantenimiento.
- Equipo, herramientas y provisiones de mantenimiento necesarios.
- Respuestas de acción de emergencia.
- Procedimientos y equipamiento requeridos para proteger la seguridad y la salud de los inspectores y trabajadores de mantenimiento.
- Sitios aprobados para desechos y reciclado y procedimientos para remoción de sedimentos, desechos y otros materiales de los sistemas de drenaje durante el mantenimiento.
- Literatura y garantías del fabricante de los componentes del sistema.
- Planos de construcción actuales.

Adicionalmente, el plan debería considerar la capacitación del personal de mantenimiento en la teoría operacional del drenaje del sitio y de mantenimiento y los procedimientos de salud y seguridad.

Inspección del Drenaje del Sitio y Recomendaciones de Mantenimiento

Las siguientes recomendaciones de inspección y mantenimiento y listas de verificación deberían ser incrementadas por requerimientos de códigos locales o estatales y asimismo con las mejores prácticas aprendidas por personas dando mantenimiento al sistema de drenaje del sito.

Los pozos secos tienen que ser inspeccionados cuatro veces al año y después de cada tormenta que exceda 0.5 pulgadas de precipitación pluvial. Cuando sea posible, los pozos secos también tienen que ser inspeccionados antes de una lluvia torrencial. La inspección consiste en medir los índices de infiltración y tiempos de drenaje observando el nivel de agua en el pozo de prueba. El tiempo actual de drenado del pozo debería ser comparado con el tiempo que tomaría drenar el volumen máximo de escorrentía de una tormenta de diseño. Si se notan incrementos significativos en los tiempos de drenado, o si el pozo seco no logra secarse dentro del tiempo de diseño de drenaje, se requiere mantenimiento.

El mantenimiento del pozo seco implica la remoción de desechos, basura o sedimentos que puedan haberse colado dentro del pozo. Además del pozo seco, cualquier canalón de techo, sumidero o trampa conectada al pozo seco tiene que ser inspeccionada y limpiada o reparada como sea necesario.

Edificación: ______________________________

Domicilio: ______________________________

Número de Identificación del Pozo Seco/Ubicación: ______________________________

Inspeccionado por: ______________________________ **Fecha:** ______________________________

ARTICULO	**ID – Número a ser usado para identificar problemas en el dibujo del sitio** **G – Bien, no acción necesaria** **F – Justo, vigilar las condiciones periódicamente, planear las reparaciones necesarias** **P – Pobre, acción inmediata es necesaria** **N/A – No aplicable**						
Canalones de Techo, Bajantes, Sumideros y Trampas		**ID**	**G**	**F**	**P**	**N/A**	**OBSERVACIONES**
	Piezas faltantes	1					
	Piezas sueltas	2					
	Evidencia de bloqueo	3					
	Juntas dañadas	4					
	Juntas partidas	5					
	Estancamiento en la superficie	6					
	Limpieza requerida	7					
	Otros problemas	8					
Inspección del Pozo de Prueba	Nivel del agua	9					
	Escombros obvios	10					

Los vados vegetados tienen que ser inspeccionados cuatro veces al año y después de cada tormenta que exceda 0.5 pulgadas de precipitación pluvial. Si el vado vegetado consiste de céspedes de crecimiento rápido, los vados tienen que ser inspeccionados semanalmente. Cuando sea posible. Los vados tienen que ser inspeccionados antes de una lluvia torrencial. La inspección consiste en buscar escombros, evidencias de taponamiento y crecimiento notorio de la vegetación.

El mantenimiento del vado vegetado consiste en remover la basura y sedimentos, manteniendo la vegetación y asegurándose que el vado drena en no más de 48 horas.

Edificación: ______________________________

Domicilio: ______________________________

Número de Identificación del Vado Vegetado/Ubicación: ____________________

Inspeccionado por: ____________________ **Fecha:** ________________

ID – Número a ser usado para identificar problemas en el dibujo del sitio
G – Bien, no acción necesaria
F – Justo, vigilar las condiciones periódicamente, planear las reparaciones necesarias
P – Pobre, acción inmediata es necesaria
N/A – No aplicable

	ID	G	F	P	N/A	OBSERVACIONES
Limpieza del diafragma de grava redondeada	1					
El césped u otra vegetación requiere podado	2					
Basura /desechos en el influjo de la cámara de agua	3					
Problemas de erosión	4					
Se requiere remplazar la vegetación	5					
El vado vegetado no seca en 48 horas—requiere arado rotatorio o cultivo	6					
La acumulación de sedimentos en fondo al 25 por ciento del volumen original de diseño—se requiere remover los sedimentos	7					
Otros problemas	8					

Los estanques de extensión secos tienen que ser inspeccionados dos veces al año y después de cada tormenta que exceda 0.5 pulgadas de precipitación pluvial. Si la vegetación de los lados inclinados consiste de céspedes de crecimiento rápido, los estanques tienen que ser inspeccionados semanalmente. Cuando sea posible, los estanques tienen que ser inspeccionados antes de una lluvia torrencial. La inspección consiste en buscar escombros, acumulación de sedimentos, erosión y crecimiento notorio de la vegetación.

El mantenimiento del estanque consiste en quitar basura y sedimentos, reparar la erosión, el manejo de pesticidas y nutrientes y mantenimiento de la vegetación.

Edificación: ______________________________

Domicilio: ______________________________

Número de Identificación del Vado Vegetado/Ubicación: ______________________________

Inspeccionado por: ______________________________ **Fecha:** ______________

ID – Número a ser usado para identificar problemas en el dibujo del sitio
G – Bien, no acción necesaria
F – Justo, vigilar las condiciones periódicamente, planear las reparaciones necesarias
P – Pobre, acción inmediata es necesaria
N/A – No aplicable

	ID	G	F	P	N/A	OBSERVACIONES
Erosión de las orillas o el fondo del estanque	1					
Terraplén dañado	2					
Acumulación de sedimentos en la instalación o cámara de agua	3					
Inclinaciones laterales necesitan podarse	4					
Se requiere manejo de pesticidas y nutrientes	5					
El recubrimiento del suelo requiere atención	6					
La acumulación de sedimentos en fondo al 25 por ciento del volumen original de diseño—se requiere remover los sedimentos	7					

Los estanques de retención tienen que ser inspeccionados mensualmente y después de cada tormenta que exceda 0.5 pulgadas de precipitación pluvial. Cuando sea posible, los estanques tienen que ser inspeccionados antes de una lluvia torrencial. Si la vegetación del lado inclinado consiste de céspedes de crecimiento rápido los estanques de retención tienen que ser inspeccionados semanalmente. La inspección consiste en encontrar especies invasivas, escombros, señales de daño o erosión acumulación de sedimentos y la necesidad de manejar o utilizar plantas de humedales.

El mantenimiento del estanque consiste en remover especies invasivas, escombros, y sedimentos; reparar la erosión; y manejo de la vegetación.

Edificación: ______________________________

Domicilio: ______________________________

Número de Identificación del Vado Vegetado/Ubicación: ______________________________

Inspeccionado por: ______________________________ **Fecha:** ______________

ID – Número a ser usado para identificar problemas en el dibujo del sitio
G – Bien, no acción necesaria
F – Justo, vigilar las condiciones periódicamente, planear las reparaciones necesarias
P – Pobre, acción inmediata es necesaria
N/A – No aplicable

	ID	G	F	P	N/A	OBSERVACIONES
Especies invasoras	1					
Erosión	2					
Acumulación de sedimentos en estanque o cámara de agua	3					
Escombros	4					
Se requiere manejo de plantas de humedales	5					

Áreas de pavimentos porosas tienen que ser inspeccionados semanalmente y después de cada tormenta que exceda 0.5 pulgadas de precipitación pluvial. Cuando sea posible, las áreas de pavimentos porosos tienen que ser inspeccionadas antes de una lluvia torrencial. La inspeccion consiste en encontrar desechos, acumulación de sedimentos, drenaje apropiado después de la tormenta, el deterioro o fragmentación de la superficie y crecimiento notorio de la vegetación

El mantenimiento del pavimentos porosos consiste en remover escombros y sedimentos y mantener la vegetación

Edificación: ______________________________

Domicilio: ______________________________

Número de Identificación del Vado Vegetado/Ubicación: ______________________________

Inspeccionado por: ______________________________ **Fecha:** ______________

ID – Número a ser usado para identificar problemas en el dibujo del sitio
G – Bien, no acción necesaria
F – Justo, vigilar las condiciones periódicamente, planear las reparaciones necesarias
P – Pobre, acción inmediata es necesaria
N/A – No aplicable

	ID	G	F	P	N/A	OBSERVACIONES
Área requiere limpieza	1					
Drenaje inapropiado	2					
Acumulación de sedimentos	3					
Área más alta requiere podarse o resembrado	4					
Deterioro o fragmentación de la superficie	5					

Áreas pavimentadas con tabiques modulares porosos tienen que ser inspeccionadas semanalmente y después de cada tormenta que exceda 0.5 pulgadas de precipitación pluvial. Cuando sea posible, las áreas tienen que ser inspeccionadas antes de una lluvia torrencial. La inspeccion consiste en encontrar desechos, acumulación de sedimentos, drenaje apropiado después de la tormenta, el deterioro o fragmentación de la superficie y crecimiento notorio de la vegetación.

El mantenimiento del pavimento poroso consiste en remover los desechos y sedimentos y mantener la vegetación.

Edificación: ____________________

Domicilio: ____________________

Número de Identificación del Vado Vegetado/Ubicación: ____________________

Inspeccionado por: ____________________ **Fecha:** ____________________

ID – Número a ser usado para identificar problemas en el dibujo del sitio
G – Bien, no acción necesaria
F – Justo, vigilar las condiciones periódicamente, planear las reparaciones necesarias
P – Pobre, acción inmediata es necesaria
N/A – No aplicable

	ID	G	F	P	N/A	OBSERVACIONES
Área requiere limpieza	1					
Drenaje inapropiado	2					
Acumulación de sedimentos	3					
Área adyacente requiere podarse o resembrado	4					
Deterioro o fragmentación de la superficie	5					

BIBLIOGRAFÍA

ASTM (American Society for Testing and Materials). 2004. *ASTM F1869-04, Standard Test Method for Measuring Moisture Vapor Emission Rate of Concrete Subfloor Anhydrous Calcium Chloride.* West Conshohocken, PA: ASTM International.

ASTM (American Society for Testing and Materials). 2012. *ASTM D4263-83, Standard Test Method for Indicating Moisture in Concrete by Plastic Sheet Method.* West Conshohocken, PA: ASTM International.

Claytor, R. A., and T. R. Schueler. 1996. *Design of Stormwater Filtering Systems.* CWP (Center for Watershed Protection). Preparado por la Chesapeake Research Consortium, Solomons, MD, and USEPA Region V, Chicago, IL.

Forest Products Laboratory. 1999. *Wood Handbook: Wood as an Engineering Material.* General Technical Report FPL-GTR-113. United States Department of Agriculture, Forest Service, Forest Products Laboratory.

James, W. L. 1988. *Electric Moisture Meters for Wood.* General Technical Report FPL-GTR-6. United States Department of Agriculture Forest Service, Forest Products Laboratory.

USDOL (United States Department of Labor). *Code of Federal Regulations*, Title 29.
(El Título 29 de la CFR destaca los requerimietos de la Occupational Safety and Health Administration [OSHA] para trabajadores, que incluye normas para el uso de escaleras y su mantenimiento.)

NJDEP (New Jersey Department of Environmental Protection). 2004. *New Jersey Stormwater Best Management Practices Manual.* Trenton, NJ.

Apéndice G – Evaluación del Moho y la Humedad Excesiva

El Instituto Nacional para la Seguridad y la Salud Ocupacional (NIOSH) ha desarrollado una herramienta de evaluación por medio de la observación para la humedad y el moho en edificaciones. Con fecha del 1ro. de Octubre de 2013, la herramienta estuvo en revisión para convertirse en un documento oficial de NIOSH. El objetivo de esta herramienta es proveer información para motivar la corrección, priorizar la intervención y evaluar la efectividad de las correcciones.

La herramienta consiste en:

1. Una forma usada para evaluar las señales de humedad excesiva, daño por agua, crecimiento de moho, y olores de humedad en cuartos y áreas por toda la edificación.
2. Una aplicación (Un programa) de datos (llamado) Visual Basic© para colectar datos de formas escritas para grabado electrónico e informes. Los datos son guardados en una base de datos Microsoft Access©. El programa electrónico también puede ser implementado en tabletas de base PC. Este programa electrónico está en desarrollo. Una vez completado el programa estará disponible en www.cdc.gov/niosh/topics/indoorenv/mold. html.
3. Par información adicional o para recibir una forma e instrucciones de uso, contacte a moldsheet#1@cdc.gov (envíe correo electrónico a: moldsheet#1@cdc.gov).

Figura G-1 Formato de Evaluación de Humedad Excesiva y Moho para Escuelas

PROGRAMA PILOTO NIOSH – BORRADOR   Contacto del Programa NIOSH: Michelle Martin 304-285-5734 o moldsheet#1@cdc.gov

LISTA DE VERIFICACIÓN DE EVALUACIÓN DE HUMEDAD EXCESIVA Y MOHO   BORRADOR – PROGRAMA PILOTO NIOSH

Fecha ____________ **Observador** ______________________ **Edificación** ______________________ **Ala** __________

Piso :____________ **Número de Cuarto:**______________________ **Tipo de Cuarto:** *Llene el círculo para los siguientes tipos de cuartos.*

○ Salón de clases ○ Oficina ○ Pasillo ○ Sala de Conferencias ○ Cuarto de Baño ○ Cuarto de Intendencia ○ Cuarto de Instalaciones Mecánicas

○ Almacén ○ Biblioteca ○ Cafetería ○ Gimnasio ○ Auditorio ○ Cocina ○ Cuarto de Casillas ○ Área de entrada

○ Pozo de escalera Otro______________________

OLOR A MOHO ○ NINGUNO ○ POCO ○ MODERADO ○ INTENSO Fuente*______________________ ○ Fuente desconocida

Asegúrese de que huele a moho cuando entra por primera vez en el cuarto o área.

Llene los círculos en cada columna y cada línea.	NA (No Aplica) Marcar con "X"	DANOS o MANCHAS 0=NINGUNO 1=<2 pies2 2=2-33 pies2 3=>33 pies2	ÁREA DE MOHO 0=NINGUNA 1=<2 pies2 2=2-33 pies2 3=>33 pies2	DENSIDAD DEL MOHO 0=NINGUNA 1=POCA 2=MODERADA 3=INTENSA	MOJADO o EXCESIVAMENTE HÚMEDO 0=NINGUNO 1=<2 pies2 2=2-33 pies2 3=>33 pies2	Totales	NOTES
		0 1 2 3	0 1 2 3	0 1 2 3	0 1 2 3		
Cielorraso		⓪ ① ② ③	⓪ ① ② ③	⓪ ① ② ③	⓪ ① ② ③		
Muros		⓪ ① ② ③	⓪ ① ② ③	⓪ ① ② ③	⓪ ① ② ③		
Ventanas		⓪ ① ② ③	⓪ ① ② ③	⓪ ① ② ③	⓪ ① ② ③		
Pisos		⓪ ① ② ③	⓪ ① ② ③	⓪ ① ② ③	⓪ ① ② ③		
Sistemas HVAC		⓪ ① ② ③	⓪ ① ② ③	⓪ ① ② ③	⓪ ① ② ③		
Tuberías		⓪ ① ② ③	⓪ ① ② ③	⓪ ① ② ③	⓪ ① ② ③		
Equipamiento		⓪ ① ② ③	⓪ ① ② ③	⓪ ① ② ③	⓪ ① ② ③		
Provisiones y Materiales		⓪ ① ② ③	⓪ ① ② ③	⓪ ① ② ③	⓪ ① ② ③		
Otros		⓪ ① ② ③	⓪ ① ② ③	⓪ ① ② ③	⓪ ① ② ③		
Totales							
Promedio							

Glosario

Término	Definición
Albardilla	El material o las unidades que se usan para formar una cubierta o acabado en la parte superior de un muro, pilote, pilastra o chimenea; una cubierta protectora en la parte superior de un muro de mampostería. Debe ser impermeable, resistente al clima e inclinado para repeler el agua.
Alero	La saliente protectora en la orilla más baja de un techo inclinado.
Ampolla	Una porción suave de la membrana del techo levantada como resultado de la presión del aire o vapor de agua atrapados.
Asfalto	Hidrocarburo altamente viscoso producido por los residuos sobrantes de la destilación del petróleo. El asfalto se usa para impermeabilizar techos urbanizados.
ASHRAE	Sociedad Americana de Ingenieros de Calefacción, Refrigeración y Aire Acondicionado, Inc.
ASTM	Sociedad Americana de Ensayos y Materiales.
Balastro	Material de anclaje como rocas, grava o adoquines que se usan para resistir la fuerza de levante del viento en membranas de techos.
Barrera capilar	Una hendidura o ranura cuya intención es crear una abertura demasiado grande para que sea puenteada por una gota de agua y así eliminar el paso del agua por acción capilar.
Barrera de aire	Cualquier material, combinación de materiales o ensamblados manufacturados cuya intención, por su diseño, es controlar el movimiento de aire a través de un sistema o ensamblado de muro exterior.
Barrera de vapor	Material usado para retardar el movimiento del vapor de agua hacia adentro de los muros y prevenir la condensación en ellos; se aplica separadamente sobre el lado caliente de los muros expuestos o como parte del aislamiento en rollos o en manta.
Bitumen	Un término genérico para asfalto o brea de alquitrán de hulla.
Bitumen modificado	Asfalto con la adición de modificadores polímeros para incrementar la flexibilidad de la temperatura fría y la resistencia al flujo y estabilidad de la temperatura caliente.
"Boca de pescado"	Una abertura de la orilla de la solapa del fieltro aplicado en techos urbanizados debido a fallas del pegamento.
Cámara de agua	Un pequeño charco o estanque ubicado cerca de la entrada de un desagüe o de otra instalación de manejo de aguas pluviales. Estos dispositivos están diseñados como áreas de almacenaje inicial para atrapar y depositar en el fondo sedimentos y contaminantes pesados antes que alcancen el desagüe principal.
CMU	Bloque de Concreto.

Término	Definición
Comisionamiento	Puesta en marcha de una edificación que incluye pruebas y ajuste de sistemas de HVAC, eléctrico, de instalaciones hidráulicas y sanitarias y otros sistemas para asegurar el funcionamiento apropiado y adherencia a los criterios de diseño; también incluye las instrucciones para los representantes de la edificación en el uso de los sistemas de la edificación.
Cuarteaduras	Ruptura por encogimiento de la superficie bituminosa de techos urbanizados o techos de superficie lisa, produciendo un patrón de grietas profundas asemejando la piel de un cocodrilo.
Encharcamiento	La recolección de agua en charcos pequeños en la superficie de un techo.
Entalpía	La medida de la energía total de un sistema termodinámico. Incluye la energía interna, que es la energía requerida para crear un sistema, y la cantidad de energía requerida para hacerle espacio desplazando su medioambiente y estableciendo su volumen y presión.
EPDM	Etileno propileno dieno monómero, una hoja de hule sintético que se usa en membranas de una hoja para techos.
Fascia	El terminado que cubre la orilla del alero de un techo plano o inclinado o una saliente de techo.
Grieta	Una ruptura en la membrana del techo que resulta de la flexión, que comúnmente ocurre a lo largo de una cresta o doblez.
Higrotérmico	Relacionado al calor y la humedad.
Hoyos de desagüe	Pequeñas aberturas puestas en el muro exterior de una construcción de mampostería como salida para que el agua dentro de una edificación salga fuera del muro y se evapore.
HVAC	Calefacción, ventilación y aire acondicionado.
Impermeable	Que no deja pasar el agua o la humedad o que sea absorbida.
Junta de expansión	Una separación deliberada de dos áreas de techo que permiten los movimientos de expansión y contracción de las dos partes.
Lasca	Un fragmento, usualmente en forma de hojuela, desprendido de una masa mayor por un golpe, por efecto del clima, por presión o por expansión dentro de la masa mayor.
Manejadora de aire	Equipo que incluye un soplador o abanico, serpentines de calentamiento o enfriamiento como controles, bandejas de drenaje de condensado y filtros de aire. No se incluyen ductos, registros o rejillas, ni calderas o refrigeradores.
Micromanómetro	Un instrumento diseñado para medir diferencias de presión diminutas.
Moldura triangular perfilada	Una moldura continua de corte triangular transversal, medida en el ángulo formado por una plataforma estructural y un muro o cualquier otra superficie vertical. Se usa para proveer una transición gradual entre el tapajuntas de base y la membrana de techo horizontal.
Olla de sumidero	Un hoyo diseñado para colectar agua y otros fluidos derramados.

Término	Definición
OSB	Madera prensada orientada. Un tipo de producto de panel de partículas de madera compuesta de hojuelas como hebras que están a propósito alineadas en direcciones que hacen más fuerte el panel, más rígido y con propiedades dimensionales mejoradas en las direcciones del alineamiento que un panel con orientación de hojuelas al azar.
Parapeto	La parte del ensamble de muro por encima del techo.
Placa de drenaje o drenado	Cualquier elemento expuesto al clima o de otra manera colocado en la línea entre las zonas "húmeda" y "seca" de un sistema o conjunto de muro exterior.
Pendiente	La proporción entre las medidas de la elevación y el tramo horizontal.
Pleno	Espacio entre un cielorraso suspendido y el piso de arriba que puede contener equipos mecánicos y eléctricos y que es usado como parte del sistema de distribución de aire. El espacio esta usualmente diseñado para estar bajo presión negativa.
Pozo seco	Un hoyo profundo, cubierto y usualmente revestido o lleno con rocas, que contiene el agua drenada hasta que se absorbe en el suelo.
PVC	Un término genérico para hojas de membrana de plástico de una hoja (polivinilo clorídeo). Las uniones son fusionadas con solventes o técnicas de soldado por aire caliente.
Revestimiento	Un panel aplicado a una estructura para proveer durabilidad, y resistencia contra efectos climáticos, corrosión e impactos.
Roza	Una ranura o muesca cortada en la mampostería para insertar las líneas eléctricas o hidráulicas.
Sección	Un dibujo o esquema que muestra la clase, arreglo y proporciones de las diferentes partes de una estructura. Muestra como la estructura aparecería si se cortara por un plano.
SMACNA	Asociación Nacional de Contratistas de Hoja de Metal y Aire Acondicionado.
Sobrecimiento	La parte vertical de un muro de retención de concreto o mampostería.
Sofito	El acabado en la parte inferior de la saliente del techo.
Sumideros	Una abertura para drenar agua, de un piso o del techo de una edificación.
TAB	Prueba, ajuste y balance.
Tapajuntas	Dispositivos conectados que sellan las juntas de la membrana, drenajes, topes para grava y otros lugares donde la membrana esta interrumpida. Los tapajuntas de base forman las orillas invertidas de la membrana a prueba de agua. Los tapajuntas cubiertos o dobles protegen las orillas expuestas y las juntas de los tapajuntas de base.
Tapajuntas a dos aguas	Tapajuntas de chimenea en la parte más alta, que se asemeja a una cumbrera de techo, para desviar el agua de lluvia alrededor de la chimenea.
Techos urbanizados	Una cubierta continua de techos semiflexible que consiste de laminados o pilas de fieltros saturados o cubiertos alternados con capas de bitumen.

Término	Definición
Tensiómetro	Un instrumento usado para medir la tensión superficial en líquidos.
Topes para grava	Un dispositivo rebordeado, normalmente de metal, diseñado para prevenir que los agregados sueltos sean arrastrados fuera del techo por el agua. También provee el detalle terminado de la orilla para ensamblados de techo urbanizados.
Traslapado	La superposición de materiales al estilo de las tejas para que el agua impactante, como el agua de lluvia, corra sin dañar hacia abajo y afuera.
Vado vegetado	Una práctica de manejo de canal abierto vegetado diseñado para tratar y atenuar la fuga de aguas de una calidad y volumen específicos.
Valores-R	La cantidad de minutos (segundos) que se requieren para que 1 Btu (joule) penetre un pie cuadrado (metro cuadrado) de un material por cada grado de temperatura de diferencia entre los dos lados del material. La resistencia de un material al paso del calor. La reciprocidad de conducción (1/c).
WBDG	Guía de Diseño del Edificio Completo.

Recursos ASHRAE para control de humedad y la gestión de la humedad

Technical Committee de ASHRAE 1.12 (Moisture Management in Buildings) invita a los que deseen aprender más sobre la tecnología de control de humedad y control de la humedad consultar las publicaciones que se describen a continuación. Se recogen y organizan las experiencias de sus compañeros y colegas que se ocupan de estas cuestiones todos los días, en el mundo real. Todas estas publicaciones están disponibles en la librería de ASHRAE, tanto en forma impresa y electrónica.

CHAPTER 62

MOISTURE MANAGEMENT IN BUILDINGS

Human Health

Energy Conservation

Sustainability

Costs

Avoiding Litigation Risk

1. CAUSES

62.1

2015 ASHRAE Handbook—HVAC Applications—Chapter 62
Moisture Management in Buildings

En este capítulo de 11 páginas, los miembros del Comité Técnico de ASHRAE 1.12 han recogido un breve resumen de los factores de riesgo que comúnmente conducen al crecimiento microbiológico en los edificios. Los factores de riesgo se dividen en tres grupos asociados principalmente con el diseño, ya sea de climatización, diseño arquitectónico, o la operación de construcción. El capítulo también contiene ejemplos de problemas y soluciones, incluido el asesoramiento para medir la actividad de las aguas superficiales (aW: una medida que cuantifica la biodisponibilidad de la humedad), así como el contenido de humedad de materiales de construcción típicos.

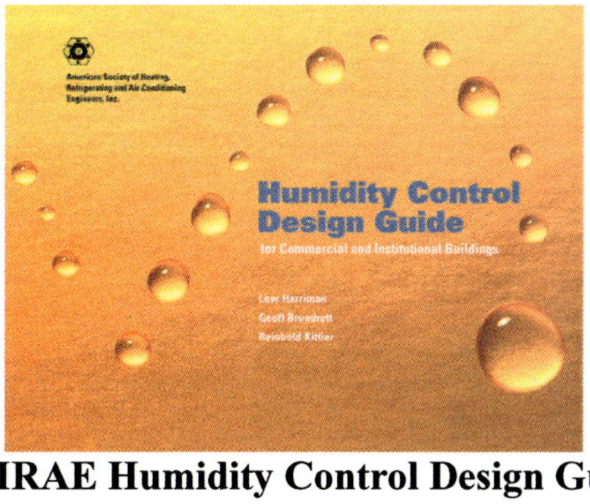

ASHRAE Humidity Control Design Guide

Esto de 512 páginas del libro ilustrado está escrito principalmente para el diseñador de climatización que “ha de lograr que se haga antes del viernes.” Pero el libro también ayuda a los propietarios que deseen especificar los requisitos para asegurar que sus sistemas de construcción proporcionarán control de humedad fiable en determinados niveles, en todas las estaciones. Esta es la primera guía de diseño de ASHRAE para el control de la humedad en sus 100 años de historia. Se basa en las experiencias recogidas de tres autores, coautores de ocho capítulos, y docenas de practicantes del diseño HVAC. Tarde o temprano, todos los ingenieros de HVAC, arquitecto, propietario del edificio, contratista o ingeniero de mantenimiento se enfrenta al reto de controlar la humedad. Este libro proporciona herramientas para enfrentar ese desafío.

ASHRAE Guide for Buildings in Hot & Humid Climates

Este libro de 312 páginas ilustra y explica las cuestiones clave para todos los miembros de un equipo de construcción cuando tratan de planificar, diseñar, construir y operar un edificio de aire acondicionado, un sostenible camino-en climas cálidos y húmedos en todo el mundo . La información se divide en secciones separadas que serán de interés para cada grupo profesional: los propietarios y sus planificadores de construcción, HVAC y diseñadores arquitectónicos, contratistas de la construcción, instaladores de sistemas y profesionales de la construcción operacionales. Proporciona sugerencias sencillas y prácticas para ayudar a los profesionales a tomar mejores decisiones y para hacerlos más rápidamente. También contiene una visión general de las principales normas ASHRAE, guías, artículos técnicos y manuales, ya que se refieren a las cuestiones que se aplican a los edificios en climas cálidos y húmedos.